KB064698

부엌의 화학자

Originally published in France as :
Un chimiste en cuisine, by Raphaël HAUMONT

ⓒ DUNOD, Paris, 2013
All rights reserved.

No part of this book may be used or reproduced in any manner whatever without written permission, except in the case of brief quotations embodied in critical articles or reviews.

Korean Translation Copyright ⓒ 2020 by The Forest Book Publishing Co.
Korean language translation rights arranged through BC Agency, South Korea.

이 책의 한국어판 저작권은 BC 에이전시를 통한 저작권자와의 독점 계약으로 도서출판 더숲에 있습니다.
저작권법에 의해 한국 내에서 보호를 받는 저작물이므로 무단전재와 무단복제를 금합니다.

 일러두기

· 본문에 표기된 *는 옮긴이의 주임을 밝힙니다.
· 외래어의 우리말 표기는 국립국어원 표기법을 기준으로 하였습니다.
· 이 책의 용어들은 원서에 준해 표기하였습니다. 단, 몇몇 용어에 한해서는 국내에서 주로
  사용되는 표현으로 바꾸어 옮겼습니다.

화학과 요리가 만나는 기발하고 맛있는 과학책

부엌의
화학자

라파엘 오몽 지음 | 김성희 옮김

더숲

요리에 숨겨진 과학,
과학을 활용한 요리를 찾아

●   나는 고대 그리스 아테네의 정치가

페리클레스^{Perikles}가 남긴 이 말을 좋아한다.

"한 번도 가져본 적이 없는 무언가를 얻고 싶다면 한 번도 해본 적
이 없는 무언가를 시도해야 한다."

이 책의 저자 라파엘 오몽과의 만남은 내가 페리클레스의 현명한
조언을 실천에 옮길 수 있게 해주었다. 그리고 요리를 하는 사람으로
서 요리와 요리가 주는 감동이라는 문제에 좀 더 발전된 시각으로 접
근할 수 있게 해주었다. 라파엘 오몽과 내가 함께 만든 프랑스 요리혁
신센터^{CFIC, Centre Français d'Innovation Culinaire}는 바로 그 만남, 즉 한 사람의
요리사와 한 사람의 과학자가 만남으로써 이루어진 독창적인 공동 작
업의 산물이다. 이 공동 작업은 요리업계와 학계 사이에 새로운 관계

를 열었다는 점에서 '과학과 요리의 교류' 이상의 것이라고 할 수 있다. 요리혁신센터가 위치한 곳도 파리 사클레 대학 단지 안이다.

요리혁신센터에 있으면 나 자신이 일종의 필터가 된 것 같은 기분이 든다. 통과시킬 건 통과시키고 걸러낼 건 걸러내는 필터처럼, 일단 전부 다 시도했다가 흥미롭거나 마음에 걸리는 것만 남겨두기 때문이다. 그다음에는 아이디어 하나를 파고들면서 그 아이디어를 펼치기 위한 토대와 체계를 찾아보는데, 그러다 보면 아이디어는 조금씩 정체성을 갖추어간다. 세포의 DNA가 스스로를 복제하고 변화시키면서 환경에 적응된 모습으로 차차 바뀌는 것처럼 말이다.

요리혁신센터는 한 가지 중요한 질문을 놓고 여러 사람이 머리를 맞대 열정적으로 연구하기 위한 장소다. 그 중요한 질문이란 바로 '미래의 요리는 어떤 모습일까?' 하는 것이다. 그래서 요리혁신센터 사람들은 요리와 관련된 지식과 기술을 깊이 연구하며, 원재료의 특징을 최대한 살리면서 맛에서도 결코 손색이 없는 새로운 요리들을 탐구한다. 그리고 이러한 연구와 병행해 전문적이고 지속적인 직업 연수, 직업자격증 및 기술자격증 과정, 학사과정, 석사과정 등의 학교 교육, 특히 초중등학교 학생들을 대상으로 한 학습용 텃밭 조성, 과학·요리 실험실 지원 같은 과학적 교양 보급 등의 다양한 활동도 진행한다.

알다시피 요리는 수천 년의 역사를 지닌 활동이다. 그런데 이러한 요리의 세계에서 전적으로 새로운 것을 만들어내는 일이 과연 가능할까? 패션계에서 디자이너들은 유행이란 결국 시대에 따라 돌고 돌며, 새롭게 창조되는 것은 더 이상 아무것도 없다고 말한다. 요리사의 입장에서는 중국 요리만 경험해봐도 새로운 요리 개발에 대한 자신감을 잃기에 충분하다. 또한 세계적인 요리 장인 조르주 오귀스트 에스코피에Georges Auguste Escoffier의 요리책을 보면 연구할 만한 것은 벌써 다 연구했다는 생각이 들기도 한다. 하지만 라파엘 오몽과 나는 여럿이 힘을 합하면 새로운 것을 고안할 수 있다고 믿는다. 서로 다른 능력과 재능이 모여 서로를 보완하고 발전시키면, 그래서 문제를 바라보고 접근하는 시각의 폭이 크게 넓어지면 말 그대로 '기본 트렌드'가 될 만한 아이디어가 나올 수도 있다.

물론 어떤 아이디어를 구체화한 요리가 계속 살아남을지, 아니면 사라지게 될지 확실히 말하기는 어렵다. 그러나 라파엘 오몽과 나는 새로운 요리를 만들려는 목적으로만 일하는 게 아니다. 우리에게 중요한 건 요리혁신센터라는 이 놀라운 인큐베이터를 통해 기술의 개발과 요리의 혁신을 이어주는 다리 역할을 계속해나가는 것이기 때문이다. 혁신을 위한 새로운 길을 여는 것보다 신나는 일이 또 어디 있겠는가?

이 책을 계기로 더 많은 사람들이 요리에 숨겨진 과학을 발견하게 되기를, 그리고 요리에 과학적 지식을 활용하면 더 좋은 요리를 할 수 있음을 알게 되기를 바란다.

티에리 막스^{Thierry Marx}
(티에리 막스는 프랑스의 유명 셰프로, 분자요리의 대표 주자.*)

차례

1 요리는 화학적인 예술이다

2 '익힌다'가 아닌 '응고시킨다'?

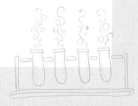

5 무스도 되고 에멀션도 되고 젤도 되고!

과학과 요리가 만나
새로운 혁신에 이르다

분자요리^{molecular cuisine}란 무엇일까?
과학자가 만든 요리? 요리사가 연금술을 써서 만든 요리? 분자요리는
둘 다 아니다.

과학자는 과학을 하고, 요리사는 요리를 하지만, 다행스럽게도 과
학자와 요리사는 친구가 될 수 있다. 서로 같은 용어를 쓸 때가 많고
하는 일도 비슷하다는 점에서 그렇다. 실제로 과학자와 요리사가 힘을
합하면 서로에게 도움이 된다. 어째서냐고? 같은 분야일지라도 다른
사람들과 만나면 서로 다르게 행동하게 되고, 그 결과 혁신을 가져올
수도 있기 때문이다.

그렇다면 과학자와 요리사 중에서 연구를 하는 쪽은 누구일까? 시
행착오를 토대로 작업을 하는 쪽은? 과학자와 요리사 둘 다! 과학자

는 연구실에서 일하고 요리사는 주방에서 일하지만, 남다른 작업으로 차별화되기 위해 끊임없이 연구하고 결과물을 내놓아야 하는 것은 둘 다 마찬가지다.

나는 물리화학자다. 물질을 분석하고, 물질의 거시적 속성과 미시적·원자적 내부 구조 사이의 관계에 관해 연구한다. 물리화학자에게 음식물은 일종의 물질로 고려될 수 있다. 사람이 먹고 마시는 음식물도 일단은 물질이니까. 따라서 음식물은 물질로서 물리학의 법칙을 따른다. 음식물을 이루고 있는 분자들은 수많은 반응을 통해 상호작용을 일으키며, 그 반응들은 분석과 예측이 가능하다. 그러므로 물질을 연구하는 재료과학 같은 학문이 요리에 관심을 갖는 건 당연하다. 과학자가 요리를 두고 과학을 하듯이 여러 반응을 분석·연구·해석하고 이론적 모델을 만든다고 해서 이상하게 여길 일은 아니라는 얘기다. 그리고 그 같은 연구들은 장기적 관점에 따른 기초과학의 성질을 띨 수도 있고, 즉각적 활용을 위한 응용과학의 성질을 띨 수도 있다.

이처럼 분자요리학molecular gastronomy은 요리를 과학적인 시각으로 접근하는 활동으로, 이에 따른 일련의 새로운 자료와 지식은 혁신적인 방식에 관심이 많은 요리사들에게 유용한 도구로 활용되고 있다. 그런데 사실 분자요리는 사람들이 흔히 생각하듯 '유행'으로 치부할 만한 것이 아니다. 이 문제에 대해서는 뒤에 가서 다시 이야기하기로 하자.

프랑스 요리혁신센터의 연구들이 확인시켜주듯 분자요리는 사람들의 선입견과 달리 건강에도 좋고 맛도 좋은 요리가 될 수 있다. 원재료의 성질을 최대한 살려서 만드는 음식이기 때문이다. 게다가 분자요리는 불필요한 것을 뺀 요리라는 점에서도 즐거움과 만족감을 안겨준다.

가령 분자요리의 관점에서 밀가루는 더 이상 비스킷에 꼭 필요한 재료가 아니며, 달걀이 없어도 수플레^{soufflé}(달걀흰자를 거품 낸 것에 다양한 재료를 섞어 오븐에 구워낸 요리*)를 만들 수 있고, 베이킹파우더 없이 케이크를 부풀릴 수 있으며, 설탕 시럽 없이 셔벗을 만들 수 있다. 그렇다고 분자요리를 만들 때 마술이라도 부려야 하는 건 절대 아니다. 최소한의 지식만 있으면, 그리고 기존의 방법을 재검토하고 새로운 기술적 도구를 사용하는 것을 겁내지만 않으면 된다. 경험에 의존하는 요리 대신 정확한 지식에 따른 요리를 만드는 것이다. 그러면서 맛도 좋은!

예를 한 가지 들어보자. 물리화학자인 나는 자동차 타이어와 껌, 밀가루 반죽, 비닐봉지를 동일한 도구로 기술하고 분석한다. 물질의 변형과 움직임을 연구하는 유동학^{流動學}의 관점에서 보는 것이다. 그렇다면 그 물건들 중 하나를, 가령 껌을 손가락으로 아주 조금 잡아 늘였다가 놓았다고 상상해보자. 이 경우에 껌은 처음 모양으로 되돌아간다. 탄성^{彈性}(외부 힘에 의하여 변형을 일으킨 물체가 힘이 제거되었을 때 원래 모양으로 되돌아가려는 성질*)을 지녔기 때문이다. 그런데 조금이 아니라 충분히, 즉 어떤 한계치 이상으로 늘였다가 다시 놓으면 껌은 약간 수축되기는 해도 완전히 처음 모양으로 되돌아가지는 않는다. 가소성可塑性(외부 힘에 의해 변형을 일으킨 물체가 그 힘이 없어져도 원래 모양으로 돌아가지 않는 성질로, 탄성 한계를 넘는 힘이 작용할 때 나타난다.*) 때문에 '늘어진' 상태가 되는 것이다. 그리고 거기서 다시 더 잡아 늘이면 껌은 결국 끊어지고 만다. 이처럼 물질 중에는 기계적으로 외부의 힘(응력)이 가해졌을 때 탄성이나 가소성 혹은 파열이라는 세 용어로 설명할 수 있는 반응을 보이는 것이 많다. 껌, 밀가루 반죽, 자동차 타이어, 비닐봉지도 모두 마찬가지다. 물론 일정한 힘이 가해졌을 때 늘어나는 정도와 변형이나 파열이 일어나는 데 필요한 힘은 물질에 따라 큰 차이가 있지만, 외부의 힘과 변형률의 상관관계를 그래프로 나타내보면 매번 전체적으로 비슷한 모양의 곡선이 그려지는 것을 알 수 있다.

그런데 물질 중에는 늘어나는 단계를 거치지 않고 바로 파열되는 것들도 있다. 예를 들어 유리판, 설탕을 녹여 만든 장식, 자기로 된 접시 같은 것은 강한 힘이 가해지면 육안으로는 확인할 수 없을 정도로 아주 조금 변형되었다가 곧 깨진다. 이 같은 물질은 늘어나는 성질을 가진 물질에 비해 부서지기 쉽다.

어쨌든 여기서 제일 중요한 것은 물질의 여러 속성에 관한 정확한 정의가 아니라, 음식물도 일단은 그 내부 구조에 의해 속성(기계적 속성이든 미각적 속성이든)이 결정되는 물질이라는 사실이다. 가령 캐러멜 사

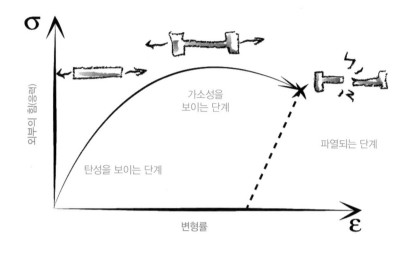

σ

(응력이 가해짐)

가소성을
보이는 단계

파열되는 단계

탄성을 보이는 단계

변형률

ε

탕은 유리판처럼 깨지는 데 반해 피자 도우는 고무처럼 늘어나는 이유
는 내부 구조 측면에서 캐러멜 사탕은 유리판과 비슷하고 피자 도우는
고무와 비슷하기 때문이다. 유리판과 캐러멜 사탕은 분자들이 불규칙
하게 배열된 비결정성非結晶性 고체로서, 액체가 응고된 상태로 볼 수 있
다(고체의 결정성과 비결정성에 관해서는 107쪽 참조).

　이 경우 물질의 내부 구조는 분자들의 집단적 움직임을 허용하지
않는다. 그래서 외부의 힘이 가해지면 분자들 사이의 결합이 끊어지
고, 그 결과 거시적으로는 물질이 파열되는 현상이 나타난다. 이에 반
해 피자 도우에 함유된 글루텐이라는 단백질 분자들은 고무를 이루는
고분자처럼 행동한다. 반죽 과정에서 서로 얽혀 탄성을 지닌 그물 구
조를 형성하는 것이다. 이 글루텐 분자들은 외부의 힘이 가해지면 힘

의 방향에 따라 미끄러지듯 함께 움직이며, 따라서 피자 도우는 늘어나긴 해도 쉽게 끊어지지는 않는다.

지금까지 말한 예들에서 우리가 기억할 점은 재료과학이 알려주는 모든 지식은 요리에도 활용될 수 있다는 사실이다. 요리혁신센터에서 내가 맡은 역할이 바로 과학적 지식과 도구를 요리에 적용하는 것인데, 이를 위해서는 기초과학적 또는 응용과학적인 연구 작업도 물론 필요하다.

음식물에 대한 내 연구는 요리사 한 사람과의 긴밀한 협력 속에 이루어지고 있다. 이제는 친구처럼 지내는 셰프 티에리 막스가 그 주인공이다. 티에리 막스를 처음 만난 건 약 10년 전의 일인데, 이 만남은 과학자로서의 내 이력에 큰 변화를 가져오면서 내 인생 자체를 완전히 바꾸어놓았다. 그때 나는 물질의 구조에 관한 박사 논문을 마무리하고 있었다. 그러다 티에리 막스가 요리사의 입장에서 구조와 구조의 파괴에 대해 이야기한다는 사실을 알고 관심을 갖게 된 것이다. 그는 간결하면서도 세련된 요리를 하는 사람이었는데, 그런 요리들 역시 그가 하는 말만큼이나 나를 사로잡았다. 일관성이란 바로 그런 것이었다. 티에리 막스는 음식으로 사람들에게 즐거움과 감동을 주는 게 목표라고 했고, '잘 아는 목적지를 이전과는 다른 방법으로 가보는 여행' 같은 요리를 만들고 싶다고 했다. 듣기에만 그럴듯한 게 아니라 현실성도 있는 말이었다.

그래서 나는 티에리 막스에게 연락을 취했다. 그러자 그는 자기 레스토랑이 있는 코르데양 바주 호텔에 와서 며칠 지내지 않겠냐는 제안을 해왔고, 나는 내가 가지고 있던 온갖 실험 장비(분당 1만 회 회전하는 원심분리기, 증류기, 건조기, 수소이온지수 측정기 등등)를 곧장 자동차에 옮

> 요리는 음식으로 즐거움과 감동을 주는 일이다. 🧪

겨 싣고 출발했다. 레스토랑에서 나는 주방 한구석에 자리를 잡고 일을 시작했다. 이런저런 실험을 하고, 질감을 테스트하고…. 물론 더없이 후한 대접을 받으면서 말이다. 나는 주방 곳곳을 마음대로 돌아다녔고, 모든 냉장고를 열어볼 수 있었으며, 완성된 요리가 차려진 테이블에서 홀로 점심을 먹는 특권도 누렸다(내가 제일 좋아하는 시간이었다). 그렇게 나는 주방의 모든 업무를 지켜보면서 많은 것을 관찰했고, 관찰한 것보다 더 많은 것을 분석했다. 그리고 이 주말여행은 일주일간의 잊을 수 없는 '작업'으로 연장되었다.

과학과 요리의 접목은 당연히 많은 테스트와 질문과 실험을 통해 이루어졌는데, 특히 이 과정에서 점차 풍성해진 요리사들과의 대화는 내게도 요리사들에게도 많은 도움이 되었다. 결국 티에리 막스와 나는 함께 일하는 게 좋을 것 같다는 결론에 이르렀다. 함께 일하고 싶은 마음이 무엇보다 크게 작용했다.

과학이든 요리든 물질의 아름다움을
탐구하는 것은 마찬가지다. 🧪

우리는 각기 다른 방식으로 물질에 접근했지만 중요하게 여기는 부분은 서로 같았다. 한 사람은 감동을 주는 요리의 아름다움을 탐구하고 다른 한 사람은 과학에 내재된 아름다움을 탐구하지만, 물질의 아름다움을 탐구한다는 점은 마찬가지였기 때문이다. 연구 활동의 본질은 바로 그 같은 탐구에 있다. 이상적이고 절대적인 것에 대한 동경이 예술가도 과학자도 앞으로 나아가게 만드는 법이다.

이 책은 왜 껌은 늘어나는데 캐러멜은 딱딱하게 굳어서 유리처럼 깨지는지를 알려주는 책이다. 하지만 나는 요리에 대해 그 같은 과학적 설명을 제시하는 것에만 그치지 않을 생각이다. 내가 이 책을 통해 꼭 말하고 싶은 바는 학계와 요리업계처럼 얼핏 생각하기에는 별개의 것처럼 보이는 세계의 사람들이 서로 힘을 합하면 이전과는 다른 방식으로 발전하면서 혁신에 이를 수 있을 뿐만 아니라, 각자가 자기 일에서 큰 기쁨을 얻을 수 있다는 점이다.

그런 의미에서 나는 다양한 독자층이 이 책의 내용을 쉽게 소화할 수 있도록 하는 데 많은 신경을 기울였다. 첨부된 부엌과 실험실의 사진들을 보면 여기에 제시된 몇몇 개념과 요리 및 실험 과정을 이해하는 데 도움이 될 것이다.

부엌의 화학자

1

요리는 화학적인
예술이다

"문명이 발달할수록 요리 문화도 발달한다."
— 패니 파머 Fannie Farmer

요리는 그 자체로 이미 분자적이다

●   사실 분자요리라는 것은 따로 존재
하지 않는다. 이 점부터 일단 분명히 짚고 넘어가자! 알고 보면 어릴
때 할머니가 집에서 끓여주신 소고기 스튜도 요즘 유행하는 에스푸마
espuma(질소 가스를 이용해 가볍고 부드러운 거품처럼 만든 소스*)에 못지않게
분자적인 성질을 지녔다. 유기농 당근을 갈아 만든 주스도 알록달록한
형광색 사탕만큼이나 화학적인 식품이다.

하지만 많은 사람이 '화학적' '자연적' '합성' '인공' '유독성' 같은 단
어들의 뜻을 잘못 알고 있으며, 요리사 중에도 '전통적'이라는 용어와
'분자적'이라는 용어를 대립시키려는 사람이 많다. 그래서 나는 설명
과 해명, 그리고 어떤 의미에서는 증명을 통해 그 용어들에 대한 올바

'분자요리'라는 말은 동어반복적인 표현이다. 🧪

른 정의를 회복시키고자 한다.

모든 현상은 과학적이고 합리적인 방식으로 설명할 수 있다. 따라서 모든 건 결국 고분자와 분자, 원자, 전자, 중성자, 쿼크 등에 관한 문제라 할 수 있을 것이다. 그렇다면 왜 굳이 요리에 '분자적'이라는 수식어를 붙이는 걸까? '분자요리'는 동어반복적인 표현, 다시 말해 굳이 쓰지 않아도 아무것도 달라질 게 없는(동어반복에 따른 문제가 생기는 건 제외하고) 말을 덧붙인 수사적 표현인데 말이다. 그리고 그런 식으로 정확성을 기하고 싶다면(불필요한 정확성이긴 하지만) 좀 더 깊게 들어가서 원자요리나 이온요리, 전자요리 같은 명칭도 써야 하지 않을까?

실제로 요리는 그 자체로 이미 분자적이다. 예를 들어 달걀흰자를 익히는 것은 단백질이라는 분자를 응고시키는 일이다. 게다가 파스타를 삶을 물에 소금^{NaCl}(염화나트륨)을 넣는 행동에는 분자 단계 이상의 복잡한 화학 현상이 포함되어 있다. 그 지극히 평범한 행동이 사실은 염화나트륨의 이온 결합을 끊고, 나트륨이온(Na^+)과 염소이온(Cl^-)의 용매화^{溶媒化}(분자나 이온이 용매 가운데 녹을 때 용매의 분자나 이온과 결합하여 화합물을 이루는 현상*) 구역을 만들고, 물 분자에 분극을 일으키고, 수소원자와 산소원자의 전자구름$^{electron\ cloud}$(원자나 분자 안에 있는 전자의 공간적 분포 상태를 구름에 비유하여 이르는 말*)을 변화시키는 작업인 것이다.

그러므로 요리가 화학 현상의 성질을 띠는 것은 단지 분자요리에만

부엌의 화학자

적용되는 사실이 아니다. 소금을 물에 넣는 일만 해도 이온과 전하^{電荷}가 개입되는 현상이기 때문이다. 그것도 분자보다 훨씬 더 작은 단계에서! 하지만 그렇다고 식당에 온 손님에게 파스타를 "이온 용액에 삶았다"는 말과 함께 내놓는다면 사람들이 그 요리를 먹고 싶어할까? 어떤 요리사가 메뉴에 요리를 그런 식으로 설명해두겠는가? 소금이 물에 녹는 현상을 그처럼 물리화학적으로 설명하는 것은 지나친 친절이자 요리의 세계에서는 적절하지 않은 행동이다. 그러나 그 같은 설명은 요리의 모든 과정이 분자와 원자, 전자의 문제에 해당하며, '분자요리'라는 표현은 따로 존재할 이유가 없다는 사실을 잘 확인시켜준다.

좀 더 자세히 말하자면 분자적이라는 수식어가 붙은 요리가 보통의 전통적인 요리와는 다른 최신식 요리는 아니며, 전통적인 요리라고 해서 비^非분자적인 건 아니라는 얘기다. 요리에서 전통과 혁신은 서로 대립되는 개념이 아니다. '요리'와 '분자'라는 용어를 결합하는 것은 이성적으로는 상관관계가 있어도 감성적으로는 분리된 두 세계를 연결시키고 있다는 점에서 오히려 부자연스럽게 여길 만한 일이다.

믿을 수 없을 만큼 가벼운 질감으로 우리에게 감동을 안겨주는 근사한 디저트가 있다. 프랑스어로 거품을 뜻하는 '무스'라는 이름의 그 요리는 사실 어떤 물질이 미세한 입자 형태로 다른 물질 속에 분산되어 있는 콜로이드^{colloid}의 일종으로, 그 중에서도 무스는 액체가 액체에 분산된 에멀션 상태의 용액을 거품 낸 것에 지나지 않는다. 즉 계면활성제(한 분자 안에 물과 친한 친수성 부분과 기름과 친한 친유성 부분을 모두 가지고 있어서 물과 기름이 잘 섞일 수 있도록 도와주는 기능을 하는 물질*)와 좋은 맛이 나는 분자들이 농축되어 있는 것에 불과하다. 그렇다면 분자요리란 도대체 무엇일까? 아니, 그보다 훨씬 더 흥미롭고 유용한 질문은 다음 질문일 것이다. 우리는 왜 그 가벼운 거품 같은 요리에 감동하는 걸까?

분자요리는 기술로 감동을 주는 요리다

●   요리사는 어떻게 라즈베리로 구름 같은 요리를 만들게 되었을까? 이것이 진짜 중요한 질문이다! 어떻게 요리로 사람들을 그토록 감동시킬 생각을 했을까? 예전에는 요리사들이 손님에게 '먹을 것'을 주었다면(요리사의 임무가 '손님의 배를 채워주는 것'이었던 시절보다는 발전한 것이지만), 요즘 요리사들은 거기에 그치지 않고 요리를 통해 감동까지 선사한다.

이제 사람들은 레스토랑에 밥을 먹으려고 가는 게 아니라 '셰프의 시그니처'를 맛보러 간다. 그런 손님들에게 식사시간을 즐거운 한때로 만들어주려면 무엇보다도 요리가 맛있어야 하며, 그래서 요리사는 라즈베리를 두고두고 생각날 거품 구름으로 변신시키는 것 같은 기술과

24

노하우를 발휘해야 한다. 기술로 감동을 주는 요리, 바로 이것이 분자 요리의 대략적 정의라 할 수 있다.

분자요리의 대가 페란 아드리아^{Ferran Adrià}의 말을 빌리면 '기술과 감성이 결합된 요리'인 것이다. 실제로 라즈베리 무스를 만들려면 기술이 필요하다. 액체에 공기를 주입하기 위해 사이펀(액체를 넣고 가스를 주입해서 거품 상태로 뽑아내는 도구*)과 가스 카트리지, 연결관 등을 사용해야 하기 때문이다. 그리고 특히 중요한 것은 거품을 만들고 유지시키는 기술, 다시 말해 액체에 주입한 공기가 액체 속에 계속 머물러 있게 하는 기술이다. 공기는 액체보다 가벼워서 쉽게 떠오르는 까닭에 이를 막지 못하면 거품이 만들어지지 않는다. 하지만 세상의 모든 압축기와 주입기를 가져와도 액체 속 공기가 떠오르는 것을 막을 수는 없다. 그래서 필요한 건 거품을 안정화시키는 것이며, 이를 위해서는 거품이 왜 만들어지고 어떻게 만들어지는지를 알아야 한다. 몇 가지 간단한 과학적 정의, 즉 거품이라는 현상이 일어나는 이유와 과정을 설명해주는 이론들의 도움을 받아야 하는 것이다.

분자요리의 또 다른 정의는 이 요리가 연구를 통해 탄생하는 합리적인 요리라는 사실에서 찾아볼 수 있다. '그것이 그렇게 되는' 이유와 과정에 대한 질문을 던지고 그 답을 요리에 구체적으로 적용한다는 애기다. 요리의 재료를 준비하고 혼합할 때 자신이 무엇을 하는지, 그리고 어떤 현상들이 일어나는지 이해하고 있는 사람은(혹은 적어도 이해하려고 노력하는 사람은) 그 요리를 할 줄 안다고 말할 수 있을 것이다. 그렇다면 그 사람은 문제의 요리를 정확히 만들 수 있음은 물론, 요리가 어떻게 될지 예측할 수도 있을 것이다. 거기서 한 걸음 더 나아가 요리 과정을 머릿속으로 미리 그려보면서 새로운 요리를 만들 수도 있을 테고 말이다. 요리사들이 원하는 게 바로 그런 것이며, 뛰어난 요리사는 맛과 질감을 포함해 자신이 만드는 요리의 모든 감각적 속성을 잘 다룰 줄 안다. 하지만 이 단계까지는 무언가를 새롭게 개발하는 것과는 거리가 멀다.

요리는 예술이자 과학이다

● 　　　　　　　　조르주 오귀스트 에스코피에는 1907년에 『요리의 길잡이 Le Guide Culinaire』라는 책의 서문에서 다음과 같이 말했다.

요컨대 요리는 계속해서 예술로 자리하는 동시에 과학이 되어갈 것이다. 따라서 아직은 지나치게 경험적인 성격을 띠는 경우가 많은 요리 방식들도 우연성이라고는 조금도 허용하지 않는 정확한 방법을 따르게 될 것으로 보인다.

　　　　　　　　　　　　　　부엌의 화학자

지난 세기 초에 비해 오늘날의 요리사들은 요리에 고도의 기술(마이크로파, 유도 전류, 초음파, 진공, 액체 질소 등)을 사용할 뿐만 아니라 새로운 분석 도구와 심도 있는 지식을 동원한다. 그렇다면 분자요리는 그저 요즘 도구와 요즘 지식으로 만들어진 요즘 요리인 것일까?

> 분자요리는 한때의 유행이 아니라 요리사들에게 유용한 도구로 꾸준히 발전할 것이다. 🧪

분자요리학이라는 분야를 처음 만들었다고 알려진 프랑스 물리화학자 에르베 디스^{Hervé This}도 분자요리를 두고 다음과 같이 정의한 바 있다.

> 분자요리는 과학이 얻은 결과물을 사용하고 새로운 재료와 방법, 도구를 도입하는 요리 트렌드다. 여기서 '새로운'이라는 용어는 물론 막연하긴 하지만, 프랑스를 포함한 서구 국가들의 요리 분야에서 1980년대 이전에는 존재하지 않았던 것을 가리킨다.

분자요리를 유행으로 보고 그 출현 시점을 따져보면 유익한 토론이 되기는 할 것이다. 출현 시점을 논의한다는 것은 그것이 연속적이고 진행적이라기보다 갑작스럽게 등장했다고 보는 것이다. 그런데 분자요리를 한때의 유행이라고 말하는 것은 유행에서 밀려날 수도 있다는 의미이고, 따라서 그 끝이 예정되어 있다고 말하는 것과 같다. 하지만

> 요리에서 우연성이 들어설 자리는 점차 줄어들고 있다. 🧪

나는 분자요리가 계속 발전할 것이며 요리사들에게 유용한 도구로 남으리라고 확신한다. 유행이 되기 위해 굳이 애쓰지 않더라도! 실제로 요리는 분자요리와 함께 계속 발전해왔다. '푸드 페어링 food pairing(음식 궁합)' 같은 새로운 개념들이 나오기도 했지만, 이 같은 개념들은 과학을 매개로 이루어지는 요리의 발전 과정 자체에 포함되는 보충적인 도구에 지나지 않는다. 과학을 매개로 하는 요리, 이것이 다름 아닌 분자요리의 정의인 셈이다.

어쨌든 대다수 사람이 동의하는 사실은 지식의 축적과 과학의 발전으로 요리에서 우연성이 들어설 자리가 줄어들고 있다는 점이다. 통조림을 고안한 니콜라 아페르 Nicolas Appert와 발효의 원리를 밝혀낸 루이 파스퇴르 Louis Pasteur에 의해 이루어진 진보가 그것의 좋은 예다. 이 사례들은 과학이 요리에 얼마나 많은 도움을 주고 또 발전시킬 수 있는지 잘 보여준다. 요리에서 우연성이 들어설 자리를 줄이고 경험에 의존하는 부분도 줄이면 요리를 좀 더 잘 통제할 수 있다. 요리에 대해 잘 알게 되면서 혁신에 이를 수도 있는 것이다.

혁신은 무엇보다도 자신의 기술을 발전시키기 위해 필요하지만, 이에 그치지 않고 같은 분야의 다른 사람들과 차별화된 모습을 보여주기 위해서도 필요하다. 19세기에 아카데미프랑세즈 Académie Française(프랑스 학사원을 구성하는 5개 아카데미 가운데 하나로, 프랑스에서 가장 권위 있는 학술

기관*)는 요리가 하나의 예술, 즉 '미식美食의 예술'이 되어야 한다고 보았다. 여기서 미식은 좋은 음식을 뜻한다. 양과 질, 조리법이 모두 만족스러운 요리 말이다. 그렇다면 '합리적인' 요리의 시작은 요리사들이 어떻게 하면 좋은 음식을 만들 수 있는지, 그리고 또 어떻게 하면 남들보다 잘 만들어, 즉 남들과는 구분되는 자신만의 시그니처 요리를 개발해서 요리라는 예술에서 두각을 나타낼 수 있는지 고민했던 시기로 거슬러 올라간다고 볼 수 있지 않을까? 실제로 그 같은 고민을 하는 요리사에게 주어지는 과제는 결국 분자요리의 정의와 닿아 있다.

요리에서 '그것이 그렇게 되는' 이유와 과정을 이해하고, 재료의 성질과 재료들 사이의 상호작용에 관해 알아보고, 음식물이 저온과 고온, 진공, 고압 등의 상태에서 어떻게 반응하는지 알아내고, 의사와 약사한테서 정보를 얻거나(과거라면) 과학적인 자료의 도움을 얻는(오늘날이라면) 등의 작업을 해야 하기 때문이다.

과학적 지식과 도구는
요리사의 창조력을 자극하는 힘

●   일류 요리사들은 자신의 직업적인 경험을 통해 노하우를 갖고 있으며, 어떤 재료를 에멀션과 무스로 만

들거나 익히는 법을 훤히 알고 있다. 하지만 에멀션과 무스의 실체가 무엇인지, 그리고 단백질의 변성이 무엇인지는 잘 모를 수도 있을 것이다(단백질 조직의 젤화gelification와 그물화reticulation에 관해서는 2장에서 이야기할 것이다). 그렇다면 그처럼 요리 실력을 이미 갖춘 요리사들에게 분자요리의 지식은 어떤 도움이 될까? 요리사가 요리를 합리적으로 설명할 수 있으면, 다시 말해 어떤 재료가 어떻게 에멀션이 되고 어떻게 무스가 되며 또 왜(그리고 언제 어떻게) 익는지 정확하게 설명할 수 있으면 문제의 재료를 에멀션과 무스로 만들고 익히는 기술을 완벽하게 쓸 수 있을 것이고, 따라서 재료의 성질을 최대한 살린 정확한 요리를 내놓을 가능성이 높다. 그러다 보면 새로운 재료와 조리법으로 에멀션과 무스를 만들고, 원칙을 벗어난 방식으로 재료를 익혀보고 싶은 마음도 생길 테고 말이다. 잘 알고 혁신하는 것, 바로 이것이 핵심이다. 과학적 지식에 근거한다는 점에서 합리적이라 칭할 수 있는 요리는 시행착오와 불필요한 고집을 피할 수 있게 해줌으로써 시간을 벌게 해준다. 물리학 및 화학의 지식과 법칙을 활용하면 더 발전된 요리를 할 수 있다는 뜻이다.

그렇다면 여기서 한 가지 의문이 제기된다. 요리의 합리적인 성질이 커지면 요리사가 창조적 자유를 발휘할 여지는 줄어들지 않을까? 아니, 그 반대다. 새로운 지식과 도구는 혁신을 통해 창조력을 한껏 발휘할 수 있게 해주기 때문이다. 기술적 실험 결과를 예측할 수 있으면

부엌의 화학자

새로운 질감과 맛을 결합해 이전에는 없던 새로운 요리를 만들 수 있다. 경험적인 성격은 물론 덜하지만 좀 더 창조적이고 맛도 더 좋은 요리를 말이다!

재료가 가진 흥미로운 성질이 요리로 발현되다

●   분자요리라고 하면 화학적 첨가물이 많이 들어간 요리를 떠올리는 경우가 많다. 요리사가 약국 조제실처럼 보이는 주방에서 어설픈 화학자 흉내를 내면서 만들었을 것 같은…. 이런 발상은 분자요리를 비방하는 사람들이 흔히 하는 말이기도 하다. 하지만 이는 분자요리를 지나치게 단순하게 생각한 것이다.

현재 우리가 진행하는 분자요리 연구는 어떤 재료가 가진 흥미로운 성질을 자연스럽게 끌어내는 것을 목표로 한다. 요리사가 그 방법을 알면 재료의 질감을 바꾸어주는 첨가물에 무조건적으로 의존하지 않아도 되기 때문이다. 따라서 이 연구에서는 실험실에서 진행되는 작업이 그만큼 중요하다. 그리고 분자요리 연구에서 우리가 우선시하는 원칙은 요리를 인위적인 기교에서 최대한 벗어나게 하고, 이로써 분자요리의 취지를 되찾는 것이다. 재료를 정확히 이해해서 더 맛있게 요리하자는 얘기다.

물론 이러한 요리를 하려면 재료를 연구하고, 방법을 찾고, 훈련과 연습을 해야 한다. 그래서 우리는 직업 요리사와 견습생에게 그러한 방향으로 수업을 진행하고 있다. 과일의 씨를 어떻게 조미료처럼 쓸 수 있는지, 천연의 재료인 채소 껍질 달인 물로 어떻게 무스를 만드는지, 다시 말해 메틸셀룰로오스나 자당지방산에스터 같은 첨가물의 도움 없이 어떻게 무스를 만드는지, 셀러리즙에 함유된 염분을 어떻게 결정화結晶化시키는지, 수박이나 토마토에 든 붉은색의 천연 색소 리코펜을 어떻게 추출하는지 등을 보여주는 식으로 말이다.

요리를 할 때 우리가 습관처럼 하는 행동들(껍질 버리기, 씨 버리기, 생선에서 살만 떠내고 나머지는 버리기, 채소 돌려 깎기, 가운데 심 제거하기 등)을 재검토할 필요가 있다. 그리고 무엇보다도 재료의 본질 자체에 집중해야 한다. 가령 당근을 이용해 재료 본연의 맛에 충실한 요리를 만들려면 어디에서 제일 좋은 당근을 구할 수 있는지를 알아볼 게 아니라, 당근이 어떤 성분으로 이루어져 있는가를 알고 영양분이나 무기질, 섬유질 같은 성분들이 어떤 역할을 하는지 알아야 한다.

이러한 접근방식은 친환경적인 면에서도 장점이 있다. 음식물 쓰레기가 적게 나오고, 낭비되는 에너지가 줄어들며, 인체에도 더 유익하

중요한 것은 인위적인 기교보다 재료의 특성을 정확히 이해해서 더 맛있는 요리를 만드는 것이다. 🧪

부엌의 화학자

기 때문이다. 간단한 예를 하나 들어
보자. 재료를 정확한 온도(응고 온도,
변성 온도, 가수분해 온도 등)에서 조리
하면 재료가 지닌 영양적·감각적

분자요리의 방식으로 접근하면 음식
물 쓰레기가 줄어들고 낭비되는 에
너지도 줄어든다. 🧪

속성을 더 잘 보존할 수 있다. 향을 내는 분자와 비타민, 색소 같은 물
질은 열에 매우 민감하기 때문이다. 그래서 정확한 온도로 조리한 요
리는 원재료의 장점이 최대한 살아 있으면서 맛도 더 풍부하다.

그런데 재미있는 사실은 분자요리를 비방하는 사람들을 보면 주로
채소를 펄펄 끓는 물에 지나치게 오래 익히는 요리사라는 것이다. 그
들은 채소의 비타민을 파괴하고, 채소의 향이 물로 다 빠져나가게 만
들며, 물과 에너지도 많이 쓴다. 또 어떤 요리사는(대개는 방금 말한 그
런 요리사가!) 불에 태운 양파, 따라서 발암물질인 파이로벤젠^{pyrobenzene}
이 풍부한 양파로 육수의 색을 낸다. 무스를 만들 때는 달걀흰자 거품
을 안정화시키기 위해 젤라틴과 달걀흰자 분말, '타르타르 크림'으로
도 불리는 중주석산칼륨(주석산 수소칼륨)을 넣는다. 그렇다면 과연 어
느 쪽이 나쁜 화학자일까?

소비자 입장에서 확실한 사실은 자몽 무스를 자몽즙과 적량의 한천
(寒天, 우뭇가사리를 끓인 다음 식혀서 굳힌 것*)으로만 만들었을 때(컬러화보
의 사진1 참조) 입에서 진짜 자몽이 터지는 것 같은 느낌이 난다는 것이
다. 달리 말해, 무스를 만들 때 거품 낸 달걀흰자와 가열 과정, 그리고

그밖의 이런저런 여분의 재료들은 필요가 없다. 중요한 것은 재료의 본질과 레시피의 본질로 돌아가는 것이다. 무스란 어떤 요리인가? 무엇을 익힐 것인가? 자몽은 어떤 과일인가? 이런 식으로 접근하면 요리가 군더더기 없이 간결해지며, 재료와 재료가 주는 느낌이 요리의 중심에 자리하게 된다.

그런 의미에서 분자요리는 간결함을 추구하는 동양의 미학을 닮았다고 볼 수 있다. 정확한 한 번의 붓질로 그린 그림이나 몇 개의 단어로만 이루어진 짧은 시처럼, 단순하지만 강렬한 힘을 지닌 그런 것 말이다.

요리의 구조와 질감이 주는 맛의 감동

●   요리사가 손님에게 감동을 주려면 감각기관의 지각을 이용할 줄 알아야 한다. 다시 말해 요리의 모양과 크기, 색, 향, 맛, 그리고 입안에서 느껴지는 질감 모두에 신경을 써야 한다. 그런 요리사에게 과학자는 요리의 구조를 통해 질감에 변화를 주는 연구로 도움을 줄 수 있다.

요리에서 구조와 질감은 실제로 긴밀한 관계에 있다. 하지만 그렇다고 그 두 특성을 혼동해서는 안 된다. 예를 들어보자. 과학자에게 초콜릿은 결정화된 지방성 물질 속에 수분이 분산된 상태로 섞여 있는 '유중수형$^{油中水型, water-in-oil}$' 에멀션에 해당한다. 초콜릿을 그런 식으로 보는 건 너무 서글픈 일이지만 어쨌든 초콜릿은 그 같은 구조 때문에 서로 크게 다른 두 가지 질감, 즉 바삭한 질감과 녹는 질감을 모두 낼 수 있다. 그래서 초콜릿을 먹을 때 어떤 사람은 씹어 먹기를 좋아하고, 또 어떤 사람은 녹여 먹기를 좋아한다. 그런데 초콜릿을 지각하는 방식은 사람마다 다르더라도 그 지각에서 감동을 느끼는 건 매한가지다. 맛있다고 느낀다는 얘기다!(아래 그림과 사진 참조)

과학과 요리 사이의 복잡한 협력 관계는 바로 이 문제, 즉 구조와 질감과 맛이라는 문제를 중심으로 전개된다. 음식물의 구조에 대한 이

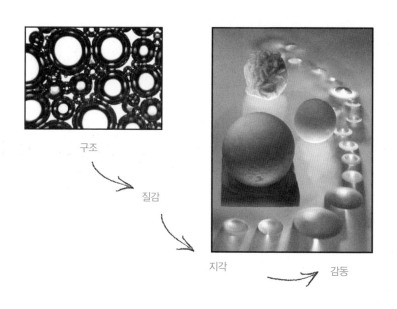

구조

질감

지각   감동

해를 통해 그 질감을 예측함으로써 더 맛있는 요리를 만들어보자는 것이다.

요컨대 요리는 물리화학적인 작업이다. 이 점을 분명히 말하고 받아들여야 하며, 요리에 과학적 지식을 활용하는 것을 부끄럽게 여겨서는 안 된다. 어떤 분야에서든 과학적 연구의 적용은 우리 일상을 개선해준다. 그리고 그 모든 것은 물리화학과 연관되어 있다. 스마트폰과 새로운 통신 기술, 배터리와 새로운 친환경 에너지, 지능형 렌즈와 유리, 자동차, 페인트, 건축 자재, 단열재와 에너지플러스하우스(소비하는 에너지보다 더 많은 에너지를 생산할 수 있게 만들어진 주택*) 등등. 세상은 새로운 지식을 통해 발전한다. 요리도 이 법칙에서 예외는 아니며, 요리의 발전은 새로운 자료와 정보를 적용할 때만 가능하다. 그리고 새로운 지식을 적용하려면 요리를 기술하는 데 필요한 기본적인 과학적 개념들을 먼저 알아두어야 한다.

요리는 음식물을 변형시키는 일이다. 이때 음식물은 크게 식물계(과일, 채소)와 동물계(생선, 육류, 달걀) 두 범주로 나뉜다. 이 두 범주의 공통분모는 모든 음식물에 다량 존재하는 수분, 즉 물이다. 따라서 요리에서는 산도, 확산, 용해, 흡수, 투과 등 물과 관련된 화학 현상이 아주 중요하다. 또한 요리할 때는 주로 온도와 압력, 시간을 조절하게 되는데, 바로 이 세 가지가 요리에서 가장 중요한 물리적 변수들이다. 소스(넓은 의미에서)의 경우는 연성 물질을 설명할 때 필요한 물리화학이 적용되며, 크게 무스와 젤, 에멀션이라는 세 범주로 구분된다. 앞에서 말한 도구들만 있으면 레시피의 99.99%는 설명할 수 있다.

요리의 기본 구조: 무스, 에멀션, 젤

● 일련의 자료에 대한 연구를 통해 요리를 분자적인 관점에서 접근하면 완전히 새로운 질감을 만들어낼 수 있다. 그렇다고 요리를 방정식이나 이론적 모델로 만들면서 "이것 봐,

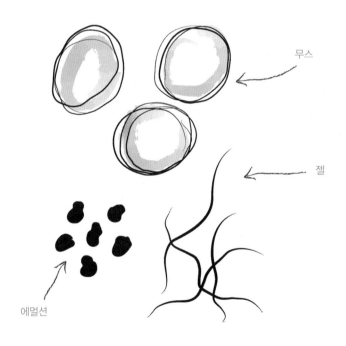

무스

젤

에멀션

내가 이렇게 학술적인 일을 하고 있어!"라고 말하라는 얘기는 아니다. 요리에 대한 과학적 접근을 지나치게 어렵게 이야기하면서 '이런 지적인 요리는 나 같은 엘리트라면 모를까 아무나 이해할 수 있는 건 아니지'라는 생각을 은연중에 하라는 것도 아니다.

요리에 대한 분자적 접근은 공식이나 문자, 숫자 없이도 할 수 있다. 이 책에서 우리가 하는 것처럼 모든 걸 그림으로 나타내면 되기 때문이다. 그림을 이용하면 누구나 쉽게 분자요리를 이해할 수 있다.

나는 강의를 할 때 청강생의 수준이 어떠하든, 다시 말해 고등학교 수업에서든 대학교 강의에서든 교사나 요리사를 위한 연수에서든 요리를 블록 놀이에 비유한다. 하나의 요리를 만드는 과정이 블록을 조립하는 것과 비슷하기 때문이다. 그렇다면 레고처럼 기본 블록이 필요한데, 요리에서는 무스, 젤, 에멀션이라는 세 가지 구조가 기본 블록의 역할을 한다. 따라서 이 세 가지 구조에 대한 정확한 이해는 필수적이며, 기본 블록들을 가지고 노는 법을 알면 요리의 창의력을 키우고 즐거움도 얻을 수 있다.

우선 무스는 기포가 액체에 분산되어 있는 것으로, 이때 기포는 속이 빈 큰 동그라미로 표시할 수 있다. 그리고 에멀션은 지방질의 작은 액체 방울이 다른 액체에 분산되어 있는 것으로, 여기서 지방질은 속이 찬 작은 동그라미로 표시할 수 있다. 끝으로 젤은 액체가 고체에 분산되어 있는 것으로, 펙틴이나 알부민, 한천 등과 같은 젤화제gel化劑 분자로 이루어진 그물은 선이 서로 얽혀 있는 모습으로 표시할 수 있다. 이러한 그림에서 바탕이 되는 면은 수분으로 이해하면 된다. 수분은 대부분의 음식물에, 그것도 다량으로 존재한다(생선에는 75% 이상, 채소에는 90% 이상, 육류에는 60% 이상, 달걀흰자에는 90%의 물이 들어 있다). 무스

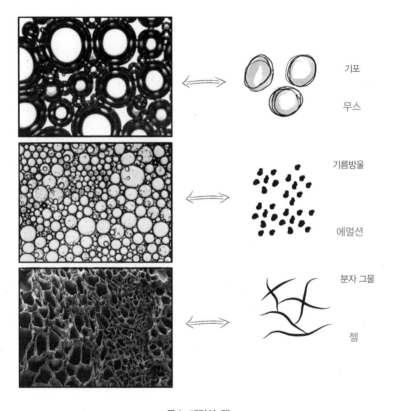

기포

무스

기름방울

에멀션

분자 그물

젤

무스, 에멀션, 젤
무스, 에멀션, 젤 상태의 물질을 현미경으로 관찰한 사진(왼쪽)과
각각의 구조를 단순화하여 표현한 그림(오른쪽).

와 에멀션, 젤에 대한 추가 설명과 이 세 기본 블록을 가지고 노는 방법은 5장에서 다룰 것이다.

요리의 변수들을 새롭게 조합하는 혁신

●   요리는 요리 과정에 관계된 화학적 개념들을 정확히 이해하고 있을 때 제대로 만들 수 있다. 예를 들어 마요네즈는 작은 기름방울을 계면활성제의 힘을 빌려 물속에 분산시켜야 성공적으로 만들어진다. 그리고 고기를 노릇하게 잘 구우려면 이른바 '마이야르 반응^{Maillard reaction}(단백질과 당분이 함유된 식품이 열을 만나면 갈색으로 변하면서 맛과 향이 풍부해지는 반응. 78쪽 참조*)'의 변수들, 즉 단백질-당분-수분과 온도-시간이라는 변수들을 섬세하게 조절해야 하며, 바삭함이 오래가는 타르트를 만들려면 수분의 확산에 신경을 써야 한다. 다음 장에서부터 다룰 내용이 바로 그런 것들이다.

따라서 요리에 있어서 혁신은 요리와 관련된 그 모든 변수를 새롭게 조합하는 데 있다. 에멀션을 거품처럼 만들거나 젤 상태로 만드는 것처럼 질감에 변화를 주고, 원심력을 가하거나 진공 상태에 두거나 온도와 압력의 상호작용을 이용하는 것처럼 물리적 변수들과 결합시켜 이전에는 없던 요리를 만들어내는 것이다.

티에리 막스와 나는 그러한 원리를 바탕으로 많은 새로운 요리를 연구하고 개발해왔다. 상온에서 익히는 스크램블 에그, 정육면체 모양의 달걀 반숙, 네모나게 잘라 먹는 프렌치드레싱(오일과 식초, 소금, 향신료로 만드는 샐러드용 소스*), 초특급으로 가벼운 스펀지케이크, 씹어 먹는 큐브 형태의 B52 칵테일, 토마토로 만드는 스파게티 면, 달걀도 버터도 안 들어가는 초콜릿 무스…. 이런 요리들을 어떻게 만들 수 있는지는 뒤에서 자세히 이야기할 것이다.

2

'익힌다'가 아닌
'응고시킨다'?

．
．
．

"하늘은 달걀껍데기와 같고, 땅은 달걀노른자와 같다."

— 장형 張衡

달걀을 완벽하게 삶기는 생각보다 어렵다

●   삶은 달걀은 분자요리의 방식이 어떤 것인지를 분명하게 보여줄 수 있다는 점에서 아주 흥미로운 요리다. 물론 달걀을 완벽하게 삶는 방법은 간단하다 못해 싱겁게 보일 수도 있다. 하지만 여기서 중요한 점은 달걀을 제대로 삶는 법을 알면 알부민과 단백질에 대해 알게 된다는 사실이다. 따라서 달걀처럼 주로 단백질과 수분으로 이루어진 생선과 육류를 제대로 익히는 법도 알게 되는 것이다.

그런데 본론으로 들어가기에 앞서 한 가지 짚고 넘어가자. 요리에서 '완벽'이라는 것은 사실 주관적이다. 따라서 내가 '완벽하다'고 말하는 삶은 달걀이 여러분이 보기에는 이상적이지 않을 수도 있다. 어쨌든 내가 생각하기에 데빌드 에그^{deviled egg}(완숙으로 삶은 달걀을 세로로 반으로 자른 뒤, 노른자를 빼내서 다른 재료와 섞은 다음 다시 속에 채워넣는 요리*)를 만들기 위한 완벽한 삶은 달걀의 기준은 다음과 같다.

- 첫째, 달걀을 반으로 잘랐을 때 노른자가 정확히 가운데에 위치해야 한다. 실제로 삶은 달걀을 보면 노른자가 한쪽으로 몰려 있는 경우가 많은데, 그처럼 노른자가 가장자리로 몰린 부분은 흰자가 부서지기 쉽다. 삶은 달걀이 들어가는 샐러드에서 양상추 같은 채소가 아주 중요한 역할을 맡게 되는데, 그 이유가 바로 이 대목에서 확인된다. 양상추는 그런 달걀이 보이지 않도록 숨겨주고, 또 균형이 안 맞아서 한쪽으로 넘어지는 일을 막아주는 것이다.
- 둘째, 노른자가 퍽퍽하지 않아야 한다. 노른자가 퍽퍽한 것은 달걀을 너무 많이 익혔기 때문이다. 달걀 샌드위치를 먹다가 목이 막혀본 경험, 누구나 한 번쯤 있지 않은가?
- 셋째, 흰자가 너무 단단하지 않아야 한다. 노른자가 너무 많이 익었다면 흰자도 너무 많이 익었다는 얘기다. 삶은 달걀이 식탁에서 통통 튀면 재밌을 수도 있겠지만 입 안에서는 고무 씹는 기분이 들 수 있다.
- 넷째, 노른자 표면이 푸르스름해지지 않아야 한다.
- 다섯째, 삶은 달걀 특유의 고약한 냄새가 없어야 한다. 집에 온

부엌의 화학자

손님을 맞이할 만한 향기가 아닌 것은 확실하다.

- 끝으로 여섯째, 흰자에 손톱자국이 없어야 한다. 껍데기를 까면서 달걀과 씨름하느라 생긴 흔적 말이다!

고작 달걀 하나 삶는 데 기준이 여섯 가지라니! 그런데 한번 생각해 보자. 요즘 사람들은 화성 탐사 로봇은 정확히 조종할 줄 안다. 다시 말해 지구에서 5,000만 킬로미터가 넘는 거리에 위치한 화성에 착륙한 다음, 태양에너지로 움직이면서 암석을 채취해 분석하고, 또 그 자료를 지구에 보내주는 로봇의 궤도는 온도와 압력을 포함한 모든 변수를 고려해 정확히 조절해낸다. 하지만 그런 사람들이 그저 수분과 단백질, 약간의 지질로 이루어진 달걀은 제대로 삶을 줄 모른다. 그것도 지구에 있는 대기압 상태의 자기 집에서! 달걀 하나도 못 삶으면서 뭘 하겠다는 말인가?

미식가로 유명한 18세기 프랑스 법관이었던 장 앙텔름 브리야사바랭Jean Anthelme Brillat-Savarin은 『미각의 생리학Physiologie du goût』에서 "새로운 요리의 발견이 새로운 별의 발견보다 인간을 더 행복하게 만든다"고 말했다. 나는 우주를 정복하는 일도, 삶은 달걀을 정복하는 일도 포기해서는 안 된다고 생각한다. 지구에서 수천만 킬로미터 떨어진 곳의 일에 대해서는 온갖 변수를 세밀하게 신경 쓰면서 집에서 음식을 만들 때는 눈치로 대충 한다면 너무 서글프지 않은가!

숫자로 보는 달걀

• 달걀껍데기는 달걀 전체 무게에서 약 10%를 차지한다. 성분은 탄산칼슘과 탄산마그네슘, 유기물 등이다. 주로 석회질로 이루어져 있다는 말인데, 달걀껍데기가 식초에 녹는 이유가 바로 그 때문이다. 껍데기가 없는 날달걀을 본 적이 있는가? 날달걀을 식초에 넣고 몇 시간 두면 껍데기가 녹게 되고, 그 결과 달걀은 껍데기에 있는 얇은 막으로만 형태를 유지한다. 투명한 달걀이 되는 것이다.

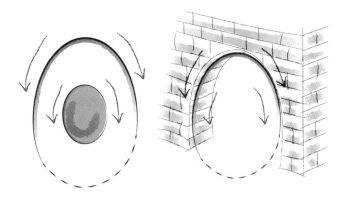

달걀껍데기는 다공질 구조로 되어 있어서(미세한 구멍이 약 8,000개 있다) 공기와 습기, 그리고 대부분의 방향족 분자를 통과시킨다. 따라서 날달걀을 가령 송로버섯 같은 것과 함께 보

48

관하면 달걀의 향을 좋게 만들 수 있다. 한편, 달걀의 형태는 둥근 형태의 건물 천장이나 아치 형태의 다리를 연상시키는데, 실제로 달걀 모양의 건축물은 하중을 분산시키고 기계적 압력을 견디는 데 매우 효과적이다.

- 달걀흰자는 달걀에서 3분의 2를 차지한다. 성분의 약 90%는 수분이고, 나머지 10%는 오브알부민을 비롯한 단백질이다. 오브알부민은 육류와 생선의 살에도 콜라겐 같은 다른 단백질과 함께 들어 있다. 달걀을 깼을 때 흰자는 두 부분으로 구분되어 보인다. 즉 노른자 주위의 점성이 높은 부분과 다시 그 주위로 퍼져 있는 묽은 부분으로 구분되는데, 이 두 부분은 각각 62℃와 65℃에서 응고한다. 노른자 양쪽으로 달린 '알끈'은 고밀도의 단백질로 이루어진 조직으로, 노른자와 흰자를 연결하는 역할을 한다.

- 달걀노른자는 미세한 고체 입자 50%와 액체 성분 50%로 이루어져 있으며, 액체 성분은 다시 수분 50%와 단백질 및 지질 50%로 이루어져 있다. 여기서 지질은 유화제(섞이지 않는 두 액체를 잘 섞이게 하는 물질*)로 유명한 레시틴 같은 인지질과 콜레

스테롤 분자를 말한다. 노른자는 그 자체로는 약 68℃에서 응고하지만 물이나 우유에 푼 상태에서는 80~85℃에서 응고한다. 커스터드 소스(우유와 달걀노른자, 설탕, 바닐라 등으로 만드는 가볍고 부드러운 소스*)를 만들 때 82℃ 이상으로 가열하면 안 되는 이유가 바로 그 때문이다. 소스에 고체 알갱이가 생기는 것을 보고 싶지 않다면 이 주의사항을 지키는 게 좋다.

달걀은 왜 익고 어떻게 익는 걸까

● 　　　　　　자, 그럼 이제 달걀을 한번 삶아보자. 대개의 경우 사람들은 달걀을 끓는 물에 넣고 10분 정도 딴 일을 하다가(상을 차리거나 마요네즈를 만들다 실패하거나…) 불을 끄는 식으로 달걀을 삶는다. 그렇다면 여기서 질문을 던져보자. 100℃가 달걀을 삶기에 적절한 온도인지, 그리고 10분 동안 삶는 게 최상인지 말이다. 9분만 삶는 게 더 좋지 않을까? 아니면 8분? 7분? 물 온도는 95℃가 더 좋은 건 아닐까? 아니면 90℃? 찬물에서부터 삶아야 할까? 아니면 더운 물에서부터? 참, 소금이나 식초를 약간 넣고 삶으라는 사람도 있던데

　　　　　　　　　　　　　　　　　부엌의 화학자

그렇게 삶으면 정말 좋은 점이 있을까? 게다가 달걀이 끓는 물에서 제 멋대로 돌아다니게 놔두는 게 좋을까, 아니면 삶아지는 동안 움직이지 못하게 하는 게 좋을까?

요컨대 우리에게 필요한 질문은 다음 질문으로 요약할 수 있을 것이다. 달걀은 왜 익고 어떻게 익는 것일까? 바로 이런 것, 즉 요리를 더 잘하기 위해 요리할 때 일어나는 현상에 대해 알아보는 것이 분자 요리의 방식이다. 요리를 방정식으로 만들거나 달걀 삶기 분야에서 박사학위를 따려는 게 아니라 그저 요리를 좀 더 잘하기 위해, 그리고 남들이 알려주거나 요리책에서 일러주는 것에만 의지하지 않기 위해 최소한의 지식을 알아두자는 얘기다. 그렇게 요리에 대해 알고 나면 요리를 하는 즐거움도 더 커지고 요리를 먹는 즐거움도 더 커진다. 창조와 혁신을 위한 열쇠를 갖게 되면 상상력을 마음껏 펼칠 수 있기 때문이다.

달걀을 100℃ 물에 10분간 삶았을 때 종종 접하게 되는 참혹한 결과로 미루어볼 때, 그 방법이 달걀을 삶는 묘법이 아닌 것은 분명해 보인다. 그런데도 왜 계속 그런 식으로 삶는가? 더 잘 삶으려면 어떻게 해야 할까?

여기서 우리가 던져봐야 할 질문은 달걀이 '실제로' 몇 도에서 익는가 하는 것이다. 달걀을 적절한 온도에서 익히면 노른자 표면의 푸르스름한 색깔(지나치게 익혀서 황화철이 생긴 것)과 퍽퍽한 노른자(지나치게

익혀서 수분이 빠진 것), 고무 같은 흰자, 고약한 달걀 냄새(이번에도 역시 달걀을 지나치게 익혀서 단백질이 분해되는 바람에 썩은 달걀 냄새가 나는 것으로 유명한 황화수소가 발생한 것)를 모두 피할 수 있다. 이처럼 조리 온도는 많은 요리에서 키포인트의 역할을 한다.

일반적으로 사람들은 생선이든 육류든 채소든 상관없이 너무 높은 온도에서 조리한다. 그 이유는 역사적인 측면과 실용적인 측면에서 동시에 찾아볼 수 있는데, 우선 역사적인 측면에서는 과거 식재료의 위생 상태와 관계가 있다. 그 옛날에는 식재료가 그다지 위생적이지 않았고, 그래서 오랫동안 끓이고 익히는 방법으로 세균을 없앤 것이다. 그리고 실용적인 측면에서는 물이 끓으면 그 온도가 100℃라는 것을 우리가 바로 알 수 있다는 사실과 관계가 있다. 정확히 72℃에서 익히려면 보통 사람들이 가진 도구로는 아무래도 어려우니까!

하지만 요즘에는 재료의 위생 상태가 갈수록 좋아지고 있고, 유통 경로도 갈수록 짧아지고 있다. 요리의 위생을 위해 그렇게까지 오래 가열할 필요가 없다는 얘기다. 마찬가지로 조리 온도도 온도계가 달린 조리기만 있으면 정확하게 맞출 수 있으며, 실제로 일부 요리사들

부엌의 화학자

은 온도 조절을 위해 화학 실험실에서 쓰는 정밀한 장비를 요리에 동원한다. 문제는 온도를 세밀하게 조절할 수 있는 조리기를 거의 구할 수 없다는 사실이다. 그런 조리기라면 요리사뿐만 아니라 전 세계 누구에게나 큰 도움이 될 텐데! 가전제품 회사는 그렇게 꼭 필요한 제품은 안 내놓고 뭘 하는 걸까?

상온에서도 달걀을 익힐 수 있을까

● 　　　　　　　　　　　달걀흰자는 반투명하면서 노르스름한 색을 띠는 액체다. 하지만 익으면 불투명하면서 흰색을 띠는 고체가 된다. 이처럼 거시적 특징들이 달라졌다는 것은 물질의 내부 구조 안에서 수많은 변화가 일어났다는 표시다. 그런데 달걀흰자에 그러한

> 달걀은 상온에서도 '익힐' 수 있다. 🧪

반응이 일어나게 하려면 반드시 가열을 해야 할까?

그럼 여기서 한 가지 실험을 해보자. 약국에서 파는 알코올(에탄올)을 날달걀의 흰자나 노른자에 붓고 어떤 변화가 일어나는지 관찰하는 실험이다. 결과를 먼저 말하면 문제의 흰자나 노른자는 '익게' 된다. 물론 흰자나 노른자가 담긴 용기는 차가운 상태며, 따라서 열 같은 것

은 발생하지 않았다. 그런데도 용기 안의 달걀이 익은 것이다. 상온에서, 그것도 몇 초 만에! 다시 한 번 말하지만 100℃ 물에 10분간 삶은 게 아니다. 그렇게 익힌 노른자는 보통 방식으로 삶은 달걀의 노른자와 비슷한 질감을 보여준다. 끓는 물에 삶은 것으로 오해할 정도로. 이 실험은 간단하지만 흥미로우며, 그만큼 많은 의문들이 생긴다. 익힌다는 것은 실제로 무엇을 의미할까? '익힌다'와 '가열한다'를 동일시하는 잘못된 공식은 이제 그만 사용해야 하지 않을까?

그렇다면 달걀을 상온에서 익히는 기술이 장래성이 있을까? 사실 이 기술은 이미 요리에 쓰이고 있다. 내가 이 실험을 티에리 막스에게 보여주자 그가 곧바로 떠올린 '포트플립porto-flip'이라는 칵테일이 그 예다. 포트플립은 1950년대에 유행한 리큐어liqueur(알코올에 설탕, 식물, 향료 등을 섞어 만든 혼성주의 일종으로, 주로 칵테일이나 디저트에 쓰인다*) 칵테일로, 포트와인과 코냑, 달걀노른자가 들어간다. 이 재료들을 섞고 흔들어주면 칵테일이 완성되는데, 완성된 포트플립은 약간 걸쭉한 질감을 띤다. 달걀노른자가 알코올 때문에 응고 반응을 일으키면서 칵테일을 걸쭉하게 만드는 탓이다. 커스터드 소스와 질감이 비슷한데, 이 소스 역시 달걀노른자를 적절히 응고시키는 작업이 중요하다. 온도가 너무 낮으면 노른자가 응고되지 않아 소스가 너무 묽게 나오고, 온도가 82℃보다 높으면 노른자가 알갱이로 변해서 소스를 망치게 된다.

티에리 막스는 바로 그 포트플립을 재해석해보자는 아이디어를 내놓

부엌의 화학자

았다. 그래서 우리는 포트와인과 코냑을 증류해 알코올의 농도가 높으면서 향도 좋은 증기를 뽑아내는 작업을 먼저 시작했다. 여기서 향은 향수에서 '톱 노트top note'라고 불리는 것을 말한다. 톱 노트에 해당하는 향은 불안정한 성질을 지닌 유기분자들로, 공기 중에 빨리 퍼지고 열에도 아주 민감하다. 따라서 음식물을 가열했을 때 제일 먼저 날아가는 것도 톱 노트의 향이다. 더 무거운 다른 향들은 더 나중까지 남아 있으면서 각각 '미들 노트middle note'와 '베이스 노트base note'를 이룬다.

향에 대한 말이 나온 김에 플람베flambé(조리 중인 요리에 브랜디나 향이 좋은 리큐어를 뿌린 뒤 불을 붙여 알코올을 태워 날리는 조리법. 재료의 누린내나 비린내, 풋내 등을 제거하고 풍미를 더하는 역할을 한다*)에 대해 한마디 하고 넘어가자. 플람베를 할 때 알코올을

플람베를 할 때 알코올을 너무 많이 태워 날리면 좋은 향들을 모두 날려버리는 셈이다. ⚗

너무 많이 태워 날리는 것은 좋지 않다. 비싼 알코올 음료를 태워 날리는 것은 결국 돈을 태워 날리는 거니까. 게다가 알코올 음료를 많이 태워 날리면 좋은 냄새는 나겠지만 알고 보면 그게 바로 비극이다. 그 향기로운 분자들을 입에 넣어보지도 못하고 다 날려보냈다는 뜻이므로!

그럼 그 분자들을 '다시 잡아와서' 요리에 넣으려면 어떻게 해야 할까? 증류 기술을 이용하면 된다. 증류기가 없으면 밀폐 뚜껑을 이용해 증기를 모아서 다시 액체로 만드는 방법을 써도 좋다. 예를 들어 포트

와인과 코냑을 증류하면 에탄올이 충분히 함유되어 있어 달걀을 거의 순간적으로 응고시킬 수 있을 뿐만 아니라 그 음료들의 섬세한 풍미도 그대로 지닌 용액을 얻을 수 있다. 그래서 이 용액만 있으면 요리사는 손님이 보는 앞에서 즉석으로 새로운 요리를 연출할 수도 있다. 가령 달걀노른자를 불 없이 테이블 위에서 '익혀' 스크램블 에그를 만든 다음, 버터를 바른 토스트에 올린 뒤 약간의 소금과 허브나 어린잎 채소를 곁들여 내놓으면 된다(컬러화보의 사진5 참조).

상온에서 익힌 스크램블 에그는 우리가 알고 있는 오믈렛, 달걀 완숙, 달걀 반숙, 수란, 달걀프라이 등과는 다른 새로운 질감을 선사한다. 익힌 달걀의 질감을 가진 날달걀이기 때문이다. 그리고 이 요리는 실험실 한쪽 구석에서 이루어진 따분한 실험(단백질과 에탄올, 증류기를 이용한 실험)이 어떻게 고급 레스토랑 메뉴에 오를 만한 독창적인 미식 요리가 될 수 있는지를 보여주는 많은 사례 중의 하나이기도 하다. 물론 여기서 제일 중요한 조건은 과학자와 요리사가 힘을 합하는 것이다.

향기가 가득 담긴 요리

요리할 때 좋은 냄새가 난다는 것은 사실 안타까운 일이다. 그 좋은 냄새를 내는 분자들을 공기 중으로 다 날려 보내고 입에는 넣어보지도 못한다는 뜻이니까! 향을 내는 분자들은 휘발성을 지녔으며, 이때 휘발성의 정도는 분자의 크기와 화학 구조에 따라 달라진다. 또한 그 분자들은 상온(25℃)에서 쉽게 분해되고, 자외선에 대한 저항력이 거의 없다. 향료를 보관할 때 빛이 들지 않는 시원하고 건조한 장소에 두는 이유가 바로 그 때문이다. 향수와 약, 그리고 좀 더 넓게 말해 대부분의 유기화합물도 그런 식으로 보관하는 게 좋다.

알코올 음료를 가열하면 에탄올이 제일 먼저 증발하는데(순수

증류기

한 에탄올의 끓는점은 약 78℃다), 이때 열에 민감한 분자들도 에탄올 증기와 함께 휘발된다.

'톱 노트'는 어떤 물질이 상온에서 증발할 때 제일 먼저 나는 향이다. 따라서 요리를 가열하거나 플람베를 하면 그 섬세한 톱 노트가 날아가버리는 경우가 많다. 그렇다면 그 향기를 다시 잡아서 요리에 담으려면 어떻게 해야 할까? 증류기 같은 도구, 즉 혼합 액체를 증류해서 끓는점에 따라 여러 물질로 분리해주는 도구의 원리를 이용하면 된다.

냄비에 뚜껑을 덮어 김이 새지 않게 막아두면 날아가는 향을 다시 잡을 수 있을까? 실제로 이 방법은 향수 제조업체가 증기 증류법을 통해 에센셜오일을 추출할 때 쓰는 기술이기도 하다. 액체 혼합물을 가열해서 증기를 만들고, 이 증기를 차가운 관에 통과시켜서 이때 생기는 액체를 모으는 원리에 따른 것이다.

예를 들어 물과 알코올이 혼합된 음료(사과주나 포도주 같은 과실주)를 끓이면 78℃부터 증발이 시작되는데, 온도를 계속 그 정도로 유지하면서 알코올 성분을 분리하면 과실주를 증류해서 만든 술, 즉 브랜디가 된다. 그런 다음 온도를 차차 높이면 물도 증발을 시작해, 마지막에는 순수한 물만 남는다.

마찬가지로 알코올 도수 40도짜리 코냑도 이 방법을 적용하면

부엌의 화학자

두 가지 용액으로 분리할 수 있다. 에탄올 성분이 풍부하면서 에탄올에 녹는 가벼운 향을 함유한 용액과 타닌 및 비휘발성 향을 함유한 물로만 이루어진 용액(약 60%)으로 분리하는 것이다. 이 '코냑 물'을 이용하면 배 같은 과일을 코냑에 졸여 알코올 성분을 제거한 요리를 만들 수 있다. 몇 가지 과학 기술을 동원하면 와인을 사용했지만 알코올에 따른 폐해는 없는 와인 과일 조림과 가열하지 않고 만드는 포트플립 스크램블 에그 같은 혁신적인 요리를 내놓을 수 있는 것이다!

무엇이 달걀을 익게 만들까

•   그럼 달걀에 에탄올을 부으면 어떤 일이 일어나는지 자세히 살펴보기로 하자. 달걀흰자는 대략 90%의 수분과 10%의 단백질로 이루어져 있으며, 이때 단백질은 대부분 오브알부민에 해당한다. 그런데 여기서 '대략'과 '대부분'이라는 용어를 쓴 것은 달걀흰자의 성분이 불명확하거나 우리가 그 내용을 잘 몰라서가 아니다. 그런 용어들을 쓰는 이유는 어떤 체계를 연구하려면 일단 그것을

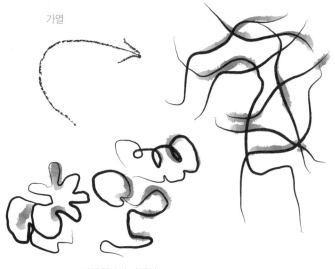

가열

달걀흰자의 단백질

단순화해서 이론적 모델을 세우는 과정이 필요하기 때문이다. 연구 대상을 단순화해 연구의 범위와 조건을 정하고, 그런 다음 세부적으로 들어가서 '이차적'이라고 말해지는 현상들, 즉 여러 단백질의 생화학적 성질, 상호작용, 효소와 박테리아의 효과 등을 연구해야 한다는 얘기다.

그러므로 일단 지금은 달걀흰자를 단백질(10%)이 수분(90%)에 흩어져 있는 물질로 단순화시켜 생각해보기로 하자. 달걀흰자의 단백질은 크기가 큰 분자들이며, 접힌 형태의 병풍 구조를 이루고 있다. 따라서 이 단백질들은 서로 구속된 상태에 있어서 하나씩 따로 움직이기는 어렵다. 액체 상태의 달걀흰자가 끈적끈적한 성질을 띠는 게 바로 그 때문이다.

부엌의 화학자

그렇다면 달걀흰자를 분자라는 털실들이 뭉쳐진 털실 뭉치라고 상상해보자. 열(즉 에너지)을 가할 경우 이 털실 뭉치는 풀어지기 시작하는데(변성), 그러다 열이 충분히 가해지면 길게 풀어진 털실들(즉 분자들)이 서로 얽히면서 결합하게 된다(응고). 이때 실제로 '손'의 역할을 하는 것은 단백질을 구성하는 원자 가운데 황이며, 따라서 이 화학 결합은 황에 의한 단백질 결합으로 설명할 수 있다.

응고 반응이란

단백질은 온도의 영향으로 '익을' 경우 그 접힌 형태가 펼쳐지면서 구조에 변화가 생긴다. 그러면 그전까지 접혀 있다가 펼쳐진 지점들 사이에는 새로운 화학적 친화력이 발생하게 된다.

달걀흰자에 든 단백질 오브알부민을 예로 들어보자. 오브알부민은 물을 좋아하는 친수성 부분과 물을 싫어하는 소수성(친유성) 부분을 함께 갖고 있다. 그래서 이 단백질을 물에 녹이면 친수성 부분은 물에 다가가는 반면, 소수성 부분은 물을 피해 달아난다. 그 결과 분자들은 '접힌' 형태를 이루며, 이로써 전체적으로 안정된 상태에 놓인다.

이때 분자들 사이에는 '분자 간 결합'이라 불리는 것이 존재하는데, 에너지(화학에너지나 열에너지)를 가하면 그 결합이 끊어지면서 분자들이 펼쳐진다. 그러면 분자의 소수성 부분들은 불안정한 환경에 놓이게 되고, 따라서 외부 환경과의 반발을 최소화하기 위해 자기들끼리 결합하는 쪽을 택하면서 새로운 분자 간 결합을 이룬다. 이것이 바로 응고의 시작이다.

응고 반응이 연속적으로 일어나면 분자들이 서로 연결된 그물 구조가 만들어진다. 이러한 분자 간 결합은 때로는 불가역적인 배열에 이를 만큼 강한 성질을 띨 수도 있다. 예를 들어 펙틴으로 만든 젤리는 굳혔다가 다시 녹일 수 있어도 달걀흰자는 익혔다가 다시 액체 상태로 되돌릴 수 없는 이유가 그 때문이다. 이처럼 단백질 분자들은 상호작용을 하며, 어떤 조건이 주어지면 새로운 구조를 만들어낼 수도 있다. 에탄올, 산酸, 열은 그 같은 반응에 중요한 영향을 미치는 변수들이다. 따라서 화학자도 요리사도 단백질의 반응을 조절하려면 그 변수들을 잘 다루어야 한다. 참고로, 달걀을 너무 익혔을 때 고약한 냄새가 나는 것은 분자간 결합이 부분적으로 끊어져 황 원자가 그 특유의 냄새와 함께 빠져나온 탓이다.

부엌의 화학자

1. 자몽 무스

적정량의 한천과 임계 온도에 근거한 기술을 이용하면 자몽즙이
99% 이상 함유된 자몽 무스를 만들 수 있다.

© M. de l'Écotais

2. 정육면체 모양의 달걀 반숙 튀김

(삶은 달걀을) 뜨거운 상태에서 껍데기를 까고 정육면체 모양으로 압력을 가하며 식힌다. 식는 동안 단백질의 그물화가 진행되므로 원하는 모양을 만들 수 있다.

© R. Haumont

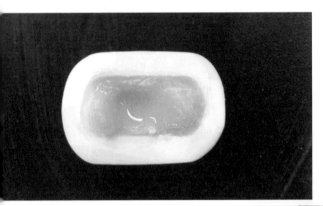

3. 가운데에 위치한 달걀노른자

익히는 동안 달걀을 계속 굴려주면 노른자가 위로 떠오르면서 가운데 위치를 지나가는데, 이때 흰자가 열의 도움으로 응고해버리면 노른자는 그 자리에서 움직일 수 없게 된다.

© R. Haumont

4. 중탕기에서 조리 중인 달걀

온도조절장치가 달린 중탕기를 이용해 정확한 온도로 달걀 반숙을 만들고 있다.

© R. Haumont

5. 가열하지 않고 만드는 포트플립 스크램블 에그

포트와인과 코냑을 섞은 뒤 증류하면 알코올의 농도가
높으면서 향도 좋은 용액을 얻을 수 있는데,
이 용액을 달걀노른자에 붓고 섞어주면 달걀이 응고한다.
상온에서 '익는' 현상이 일어난다는 뜻이다.
사진 속 요리는 그렇게 조리한 스크램블 에그를 토스트에
올린 것이다. (티에리 막스 레시피)

© Le Chef—Joanna Florczykiewicz

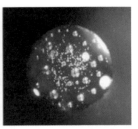

6. 설탕의 변화

설탕(사카로스)에 열을 가하면 결정이 녹으면서 유리질 용액이 되었다가 캐러멜로 변한다.
© CFIC

7. 소금 결정

소금이 녹는 온도는 약 800℃.
실온에서 보는 소금은
'얼어 있는' 상태다.
© CFIC

8. 탄산수에 삶은 채소

브로콜리와 깍지콩을 탄산수(왼쪽)와 보통의 물(중간), 레몬즙을 넣은 물(오른쪽)에 각각 삶은 것.
탄산수소염이 녹색 채소에 함유된 엽록소에 작용해서 채소가 선명한 초록색으로 익을 수 있게 해준다.
© CCFIC

9. 민트로 만든 스파게티 면

민트와 한천으로 만든 초록색 스파게티 면으로 볼을 만들고, 그 안에 민트 무스와 크림을 넣었다.

© R. Haumont

10. 완두콩 캡슐

캡슐화 기술을 이용하면 익힌 완두콩 과육으로
완두콩을 재현할 수 있다. 생 완두콩의 질감과
익힌 완두콩 과육의 질감을 결합하는 것이다.
또한 완두콩 깍지를 액체 질소에 넣고 갈면
셔벗 분말이 된다. (티에리 막스 레시피)

© Le Chef — Joanna Florczykiewicz

11. 큐라소 캐비어(알긴산 구슬)
알긴산염을 이용해 큐라소(오렌지로 만든 리큐어*)를 구슬처럼 만든 것.
© *R. Haumont*

12. 형광 진토닉
토닉워터 구슬을 이용한 진토닉.
토닉워터에 함유된 퀴닌 성분이
자외선을 받아 빛을 내고 있다.
© *CFIC*

13. 과일 캡슐

레몬즙과 레몬 껍질로 만든 캡슐. 생분해성 포장재 연구의 일환이다.
© *CFIC*

14. 굴로 만든 구슬
© *Le Chef — A. Thiriet*

15. 식물성 캔

물 330밀리리터를 체리로 만든 캡슐에 넣은 것. 플라스틱이나
알루미늄 용기 없이 음식물을 보관하기 위한 것으로
친환경적 연구의 결과물이다.
© *R. Haumont*

16. 테킬라 선셋

색이 위로 갈수록 어두워지는
앞의 잔은 테킬라 선셋.
지방질의 분산 현상을 이용해
테킬라 선라이즈와 반대되는
칵테일을 만들었다.
아래로 갈수록 어두워지는 뒤의 잔이
테킬라 선라이즈.

© R. Haumont

17. B52 칵테일 큐브

트리플 섹, 위스키 크림 리큐어,
커피 리큐어를 이용해 젤리처럼
만든 칵테일. 한천을 이용해 굳혔다.
한 조각씩 씹어 먹으면 된다.

© R. Haumont

18. 진공 상태에서의 팽창 실험

당근 무스(왼쪽)와 초콜릿 무스(오른쪽)를
보통의 대기압 상태와 약한 진공 상태에
각각 두고 식힌 것.
© *CFIC*

보통의 대기압 상태 ▶

약한 진공 상태 ▶

19. 무스를 곁들인 닭 가슴살 요리

사진 속 코코넛밀크 무스는 약한 진공 상태에서 식혀 만들었다. (티에리 막스 레시피)
© *CFIC*

20. 진공 상태에서 조리한
수플레 오믈렛
달걀 속에 든 기포가 진공의 영향으로
팽창하여 음식의 부피가 커졌다.
© CFIC

21. 거품을 낸 다음 진공 상태에서
식힌 캐러멜
캐러멜은 분자들이 불규칙하게 배열된 비결
정성 고체로, 외부의 힘이 가해지면 분자들
사이의 결합이 끊어지고 물질이 파열된다.
© CFIC

22. '블러디'하지 않은 블러디 메리
아래의 화보 23번에 나온 원심분리 기술
을 이용하면 토마토주스가 들어가는 붉은
칵테일 블러디 메리를 싱싱한 토마토 향이
나는 무색 칵테일로 재해석할 수 있다.

© R. Haumont

23. 원심분리한 토마토
토마토즙을 원심분리기에 넣고 돌리면
과육(시험관 아랫부분)과 수분(시험관 중간),
섬유질(시험관 윗부분)로 분리된다.
색을 내는 물질과 향을 내는 물질이
물리적으로 분리된 것이다.

© R. Haumont

24. 액상 타르트 타탱
원심분리 기술을 이용하면 액체 상태의 페이스트리를 만들 수 있다.
사진 속 요리는 액상 타르트 타탱으로, 캐러멜화한 사과즙과 타르트 도우 수용액으로 만든 것이다.
© M. de l'Écotais

25. 벨리니

동결농축 기술과 액체 질소를 이용하면
재료를 저온에서 농축시켜 새로운
형태의 음식을 만들 수 있다.
사진 속 요리는 로제 샴페인 셔벗과
복숭아 과육으로 만든
벨리니 칵테일이다.

© R. Haumont

26. 피나콜라다 칵테일 분말

© R. Haumont

27. 검푸른 과일로 만드는 붉은 거품

탄산수소염을 넣은 블루베리 소스에
레몬즙을 부으면 거품이 생기면서(탄산수소염과
시트르산의 중화 반응) 색깔이 변한다
(pH에 따른 안토시안 색소의 반응).

© R. Haumont

28. 실험 강연

실험 강연 중인 라파엘 오몽(하단 사진의 왼쪽)과 티에리 막스(하단 사진의 오른쪽)

© R. Haumont

응고가 일어나면 고체 그물이 만들어지고, 수분은 그 안에 갇히게 된다. 액체가 고체에 분산해 있는 젤 상태가 되었다는 얘기다. 달걀흰자를 이루는 분자들은 액체 상태에서는 비교적 자유롭게 움직일 수 있었지만, 고체 상태로 옮겨가면 서로에게 묶여 종속된 상태에 놓이면서 젤 구조를 이룬다. 여기서 '젤'이라는 용어를 사용할 때는 주의할 필요가 있다. 젤이라고 하면 과일 잼이나 젤리를 떠올리기가 쉽기 때문이다. 과일 잼이나 젤리의 경우에 그물을 만들어내는 것은 다당류의 일종인 펙틴으로, 이 성분은 열을 가하면 과육에서 빠져나와 냉각되면서 그물 구조를 형성한다. 젤의 세계도 아주 흥미로운데, 이 내용은 4장에서 자세히 다룰 것이다.

폴리머, 폴리머리제이션, 폴리사카라이드, 폴리펩티드, 폴리⋯

폴리머polymer, 즉 중합체는 분자 화합물의 한 종류이자 물질의 한 종류다. 하나의 중합체는 동일한 분자가 여러 개 모여 만들어지며, 이때 분자들이 서로 연결되는 방식은 어느 정도 선線적인 특성을 띤다. 중합체의 형태는 간단히 진주 목걸이를 생각하면 되는데, 목걸이를 이루고 있는 진주알 각각이 '단위체(반복 단위)'라 불리는 분자에 해당한다.

　단위체가 공간적으로 결합해 2차원적이거나 3차원적인 그물형을 이루는 경우는(사실은 목걸이 같은 사슬형에 더 가깝긴 하지만) '그물화'라고 말한다. 중합체가 그물화에 이를 수 있는지의 여부는 분자 각각이 이웃 분자들과 만들어낼 수 있는 결합의 수에 달려 있다. 예를 들어, 흔히 포도당이라 불리는 글루코스 분자가 이웃 분자끼리 여러 개 결합하면 우리가 잘 아는 다당류, 즉 녹말이 만들어진다.

　다당류를 뜻하는 폴리사카라이드 polysaccharide 라는 말은 복잡하게 보일 수도 있겠지만, 쉽게 말해 당이 여러 개 결합되어 있다는 뜻이다. 폴리펩티드가 아미노산이 여러 개 결합되어 만들어진 단백질을 가리키는 것과 마찬가지다.

　같은 단위체가 수십에서 수천 개 모여 만들어진 중합체는 각각의 단위체와는 다른 물리적 속성을 지닌다. 그래서 녹말은 인체에 바로 흡수되지 않는 반면, 녹말의 단위체인 글루코스는 그 크기와 화학적 구조 때문에 빠르게 소화돼서 혈액으로 빨리 전달된다. 침에 들어 있는 효소 타액 아밀라아제는 일종의 분자 가위로, 분자로 이루어진 사슬을 끊어서 중합체를 분해하는 역할을 한다. 흡수가 잘 되게 만들어준다는 뜻이다. 소화란 결국 우리가 먹은

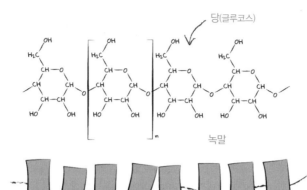

당(글루코스)

녹말

C : 탄소원자
O : 산소원자
H : 수소원자

기다란 사슬(탄수화물, 단백질, 지방)을 끊어주고, 이로써 영양분이 당과 아미노산, 단순 지방산의 형태로 소화기관 점막에 흡수될 수 있게 만드는 일이라고 할 수 있다.

중합체는 일상생활에서도 많이 볼 수 있다. 간단히 피브이시 PVC라 불리는 폴리염화비닐, 나일론으로 통하는 폴리아미드, 흔히 말하는 페트병의 원료이자 플라스틱으로 된 많은 물건에 사용되는 폴리에틸렌 테레프탈레이트 등이 그 예에 해당한다.

탄성중합체는 천연고무나 합성고무에서 출발해 만들어진 중합체 계열로, 하나의 탄성중합체는 약 2만 개의 단위체로 이루어진다. 탄성중합체 물질은 기계적으로 크게 변형될 수 있는 성질을

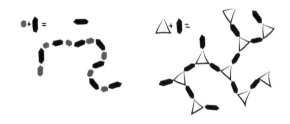

왼쪽은 사슬형 중합체(예: 고무)
오른쪽은 그물형 중합체(예: 폴리에스테르)
중합체는 단위체에서부터 출발해 만들어지지만
단위체와는 다른 물리적 속성을 지닌다.

지녔는데, 이러한 특성은 고무에서도 찾아볼 수 있다. 예를 들어 껌이 외부의 힘에 쉽게 변형되는 이유는 그 분자 구조가 고무의 분자 구조와 매우 유사하기 때문이다.

달걀이 알코올이나 레몬즙을 만났을 때

달걀흰자의 젤화 현상은 온도가 올라갔을 때, 즉 열이라는 에너지가 가해졌을 때만 일어나는 게 아니라, 접혀 있던 단백질을 펼쳐지게 함으로써 응고를 유도하는 특별한 화학적 조건에서도 일어날 수 있다. 에탄올이 바로 그러한 조건을 만들어주는 매질에 해당하며, 산성 매질도 마찬가지다. 날생선을 냉장고에 보관할 때 레몬즙이나 신맛이 나는 마리네이드^{marinade}(고기나 생선을 조리하기 전에 맛이 배거나 부드럽게 만들기 위해 향미를 낸 용액에 재워두는 조리법, 또는 그 용액을 가리키는 용어*)를 뿌려두는 장면을 본 적이 있을 것이다. 이때 생선은 반투명하면서 무른 상태지만, 레몬즙이나 마리네이드가 많이 뿌려진 곳의 표면은 불투명하면서 단단한 상태로 변한다. 달걀이 알코올을 만났을 때와 같은 원리로 그와 같은 현상이 일어나는 것이다. 요컨대 익히는 일은 열로만 가능한 게 아니라 알코올이나 산으로도 가능하다. '익힌다'라는 용어를 좀 더 넓은 의미로 본다면 말이다. 따라서 정확히 하자면 '익힌다, 삶는다, 굽는다' 같은 표현보다는 '응고시킨다'라는 표현을 쓰는 게 맞다고 할 수 있다("칠면조를 대류열에 응고시킨다"고 말하는 것보다 "오븐에 넣고 7단에서 굽는다"고 말하는 게 물론 더 간단하지만).

그렇다면 문제의 응고는 몇 도에서 이루어질까? 우리 연구에 따르면 달걀흰자는 62℃에서 응고하고, 노른자는 68℃에서 응고한다. 이 수치들은 온도를 0.1℃ 단위로 조절할 수 있는 중탕기와 코플러 벤치^{Kofler bench}라는 발열기를 이용해서 얻은 값이다. 코플러 벤치에는 온도가 50℃에서 250℃까지 눈금자처럼 연속으로 표시되어 있기 때문에 이 도구를 쓰면 달걀흰자가 흰색으로 변하면서 굳는 온도를 쉽게 확인할 수 있다.

'익히는' 일은 열로만 가능한 게 아니라
알코올이나 산으로도 가능하다. 🧪

코플러 벤치는 다른 용도로도 유용하게 쓸 수 있다. 스테이크가 익은 정도를 나타내는 블루레어, 레어, 미디엄, 웰던 등의 상태를 수치로 표시하거나, 설탕의 녹는점과 캐러멜화 온도를 정확히 측정하는 데 아주 유용하다. 아무튼 여기서 제일 중요한 결론은 달걀을 100℃에서 익히지 말라는 것이다! 이 경우 응고가 지나치게 많이 진행되고, 그 결과 단백질의 그물 구조가 너무 촘촘해진다. 달걀흰자가 탄성이 생겨서 고무 씹는 것 같은 질감이 된다는 말이다.

게다가 물이 100℃에서 증발한다는 사실과 달걀흰자에 수분이 많다는 사실에서 짐작할 수 있듯이, 달걀을 끓는 물에 너무 오래 삶으면 흰자의 수분도 증발하게 된다. 그런데 달걀은 껍데기 바로 안쪽의 수분이 극히 소량만 수증기로 바뀌어도 내부 압력이 증가한다. 껍데기가 그 압력을 견디지 못하는 상태에 이르면 달걀은 결국 깨지는 것이다. 소금이나 식초, 혹은 그 밖의 묘약을 약간 넣어 삶는다고 해서 달라지는 건 없다. 물 1그램이 약 1리터의 수증기로 변하는 조건은 마찬가지니까. 달걀 하나에는 수분이 약 35그램 들어 있고, 따라서 약 35리터의 수증기를 내놓을 수 있다. 그것은 고무풍선을 35개 정도 불 수 있는 양이다! 달걀을 전자레인지에 돌리면 폭탄처럼 터지는 이유도 바로 그 때문이다. 순간적으로 발생한 수증기가 달걀 내부의 압력을 높

부엌의 화학자

여서 갑자기 펑 소리를 내며 터지는 것이다. 달걀도 알고 보면 위험한 물건이다!

그러므로 달걀을 삶을 때는 노른자의 응고 온도를 넘기되 흰자는 지나치게 익히지 말아야 한다(온도는 75℃면 충분하다). 완숙이 아니라 반숙으로 삶을 때는 물 같은 노른자가 좋은지, 죽 같은 노른자가 좋은지에 따라 62℃와 68℃ 사이에서 삶으면 된다.

따라서 와인과 미네랄워터, 커피, 빵을 종류별로 설명해둔 메뉴처럼 삶은 달걀을 위한 메뉴판도 만들 수 있을 것이다.

> **63℃ 달걀**: 흰자는 적당히 익고 노른자는 액체인 상태.
> **65℃ 달걀**: 알맞게 익은 흰자와 부드러우면서도 촉촉한 노른자가 환상의 조화를 보여주는 상태(셰프가 추천하는 이상적인 달걀 반숙).
> **68℃ 달걀**: 흰자는 탱글탱글하면서도 부드럽고 노른자는 적당히 익은 상태.

자, 여러분은 어떤 달걀이 좋은가? 온도를 1℃씩 차이를 두면 그 사이사이의 중간 질감들도 모두 만들어낼 수 있다. 물론 정확한 온도조절장치가 달린 중탕기나 오븐이 있다는 조건 하에!

조리시간과 조리온도는
서로 타협하는 관계

●   조리 시간도 재료의 최종 상태를 바
꾸어놓는데, 열역학에서 알려주는 바에 따르면 이때 시간은 온도와 서
로 타협하는 관계에 있다. 예를 들어 실험을 해보면 어떤 재료를 62℃
에서 90분 익힐 때나 64℃에서 45분 익힐 때, 혹은 66℃에서 30분 익힐
때 모두 동일한 결과가 나온다. 따라서 재료의 조리 결과는 온도와 조
리 시간을 각각 행과 열로 하는 행렬 형태로 나타낼 수 있다.

완벽한 데빌드 에그를 만들기 위해 이제 남은 일은 달걀노른자를
정확히 가운데에 위치시키는 작업이다. 달걀을 삶았을 때 노른자가 가
운데에 있게 하려면 문제의 노른자가 날달걀 상태에서 어디에 있는지
를 먼저 알아야 한다. 만약 노른자가 이미 가운데에 있다면 달걀이 물
속에서 흔들리지 않고 익을 수 있는 방법을 쓰면 될 것이다. 달걀을 금
속으로 된 용기에 담고, 이 용기를 냄비에 넣는 식으로 말이다. 하지
만 안타깝게도 실제 사정은 그렇지 않다! 우리가 생각해볼 수 있는 가
능성은 두 가지다. 노른자가 흰자보다 무거워서 아래에 가라앉아 있거
나, 아니면 흰자보다 가벼워서 위에 떠 있거나. 사람들이 간혹 제기하
는 세 번째 가능성, 즉 '노른자가 그때그때 어디로 움직이느냐에 달려
있다'고 보는 가정은 무시하자. 외부의 힘이 달걀에 작용하지 않는 한

부엌의 화학자

달걀 속 노른자가 혼자 움직일 일은 없다.

노른자의 위치에 대한 질문에 답하려면 간단한 실험을 해보면 된다. 칼끝으로 달걀껍데기 윗부분을 떼어내서 노른자가 어디에 있는지 관찰하는 것이다. 혹은 달걀 여러 개를 깨뜨려 흰자와 노른자를 분리해서 알아보는 방법도 있다. 좁은 용기에 흰자는 여러 개 넣고 노른자는 하나만 넣은 뒤, 노른자가 흰자 속에서 뜨는지 가라앉는지 돌아다니는지 관찰하면 된다(돈이 많이 드는 실험도 아니다.)

사실 답은 뻔하다. 노른자는 뜨게 되어 있다. 어떻게 그 결과를 미리 알 수 있냐고? 흰자는 90%가 수분인 반면, 노른자는 수분이 약 50%밖에 안 되고 나머지 50%는 레시틴을 포함한 인지질과 지방질(일부 사람들이 달걀노른자에 든 '나쁜 콜레스테롤'이라고 부르는 것)로 이루어져 있기 때문이다. 그래서 기름이 물에 뜨는 것처럼 노른자는 흰자에 뜰 수밖에 없다. 그런데 여기서 두 가지 사실은 정확히 짚고 넘어갈 필요가 있다. 첫째, 노른자의 여러 성분들, 즉 인지질, 다양한 분자량을 지닌 단백질 등을 고려해볼 때 노른자의 밀도는 흰자와 그렇게까지 큰 차이는 나지 않는다. 둘째, 아주 신선한 달걀로 실험했을 때는 결과가 조금 다르게 나올 수도 있다. 어쨌든 일반적인 실험의 경우 물의 밀도가 1이라면 흰자의 밀도는 1.1, 노른자의 밀도는 1.05 정도로 측정되며, 그래서 노른자는 흰자에서는 뜨지만 물에서는 가라앉는 성질을 보인다(72쪽의 사진 참조).

← 물

← 노른자

← 흰자

　　문제에 대한 완벽한 답을 얻으려면 좀
더 자세히 들어갈 필요가 있다. 과학에서
말하는 이차 추론을 해보자는 얘기다(일차
추론에서는 문제를 전체적으로 대강 파악하고, 이
차 추론에서는 자세한 부분까지 정확히 파악하
게 된다). 신선한 달걀의 경우는 스프링처
럼 생긴 섬유 조직, 즉 알끈이 노른자를 흰
자 가운데에 있도록 고정하고 있다. 그런
데 시간이 지나면 흰자에 있는 효소의 작용

으로 알끈이 끊어지고, 풀려난 노른자는 밀도 때문에 위로 떠오르게
된다. 시간이 지나면 달걀의 공기주머니도 점점 커지는데, 달걀 속 수
분이 껍데기를 통해 증발하면서 공기가 그 자리를 대신 채우기 때문이
다. 그런 달걀은 역시나 밀도 때문에 물에 뜨게 되며, 따라서 달걀이
물에 뜨면 신선하지 않다는 증거라고 할 수 있다.

　　그렇다면 달걀이 익는 동안 노른자가 가운데에 있게 하려면 어떻게
해야 할까? 방법은 아주 간단하다. 달걀을 굴려주면 된다. 달걀을 굴
릴 때마다 노른자는 다시 위로 떠오르면서 가운데 위치를 지나가는데,
이때 흰자가 열의 도움으로 응고해버리면 지나가던 노른자는 그 자리
에서 움직일 수 없게 되는 것이다. 흰자가 껍데기 둘레를 따라 고르게
응고하면서 노른자를 가운데에 가둘 수 있게 하려면 달걀을 삶는 처

부엌의 화학자

음 몇 분이 가장 중요하다.

　이 방법이 정말 통하는지는 여러분이 직접 실험해보면 된다. 같은 달걀판에서 꺼낸 달걀들을 두 냄비에 나누어 삶는 실험이다. 이때 첫 번째 냄비의 달걀은 물속에서 마음대로 돌아다니게 두고(대조용 샘플이 되는 쪽), 두 번째 냄비의 달걀은 나무 숟가락 두 개를 이용해 처음 5분간은 계속 굴려준다. 달걀들이 다 삶

아지면 찬물에 식힌 뒤에 껍데기를 까서 반으로 잘라보자. 결과는 여러분 눈으로 확인하시길(통계적으로 좀 더 정확한 결과를 얻으려면 달걀 여러 개로 실험하는 게 좋다).

정육면체 모양의 달걀 반숙 튀김

달걀 삶는 법에 대한 지식을 이용해 새로운 요리에 도전해보자.

먼저, 달걀을 100℃가 안 되는 물에서 계속 굴리면서 삶는다. 90℃에서 5분이면 충분하다. 그런 다음 뜨거운 상태에서 껍데기를 깐 뒤, 정육면체 모양이 되도록 압력을 가하면서 식힌다. 한 변이 4센티미터 정도 되는 정육면체 모양의 틀에 달걀을 넣고, 그 위에 무거운 것을 올려서 달걀을 눌러주면 된다.

식는 동안 달걀은 단백질의 그물화가 계속 진행되면서 정육면체로 모양이 잡힌다. 그럼 빵가루를 입혀 1분간 튀겨서 겉을 노릇하고 바삭하게 만들어주면 요리가 완성된다. 식힌 달걀을 튀기면 노른자의 온도가 먹기에 좋은 온도(45~50℃)로 다시 올라간다는 장점도 있다.

이 요리를 내놓으면 좋은 반응을 얻으리라는 건 보장되어 있다. 달걀 하나 삶았을 뿐인데! 물론 알고 보면 여러 주의사항을 지키고 많은 지식('익힌다'는 것의 정의, 밀도와 노른자 위치 잡기, 응고 등)을 적용하면서 일련의 기술로 만들어낸 요리지만 말이다(컬러화보의 사진2, 사진3 참조).

부엌의 화학자

3

맛과 향,
색과 질감을 살리며
재료 익히기

:

"바그너를 틀었군요! 근데 바그너는… 바그너의 곡은…
사냥감에 어울려요. 큰 사냥감 말입니다, 멧돼지, 코뿔소 이런 거.
들어봐요! 빰 빠 빰빰! 빰 빠 빰빰빰!
그렇다니까요! 영계나 바닷가재 요리에는 안 맞아요!
그러니까 다른 곡으로 부탁합니다. 가벼우면서도 지적이고,
섬세하고, 절제된… 어서 찾아보세요!"

— 영화 〈맛있게 드십시오The Wing And The Thigh(1976)〉 중에서,
감독 클로드 지디Claude Zidi

●   음식물이 익는 현상은 모순과 타협으로 가득 차 있다. 그래서 어떤 요리를 제대로 익히려면 다양하고도 정확한 기술이 요구된다. 예를 들어 완벽한 송아지 안심 스테이크를 만들려면 겉은 바삭하면서 노릇한 색깔이 나지만 속은 부드러우면서 분홍빛이 나도록 굽는 기술이 필요하다.

겉은 바삭하게, 속은 부드럽게

●   물리화학자는 스테이크를 굽는 기술에서 '온도 기울기^{temperature gradient}'에 주목한다. 스테이크의 겉과 속 사이에 존재하는 연속적인 온도 변화를 두고 하는 얘기다.

실제로 스테이크를 구울 때 표면이 받는 온도와 중심부가 받는 온도는 크게 차이가 나며, 그 결과 각 부분마다 고기의 구조(응고, 가수분해, 수분 저장)와 감각적 속성(질감, 색깔, 풍미)도 서로 다르게 변화한다. 스테이크를 맛있게 구우려면 그 같은 온도 차이는 꼭 필요하다. 우선 고기의 표면에서는 높은 온도로 마이야르 반응이 일어나게 해야 한다. 마이야르 반응이란 단백질과 당분이 온도는 높으면서 습기는 거의 없는 환경에서 서로 반응해 새로운 향과 색을 내는 분자, 즉 갈색 색소인 멜라노이딘을 만들어내는 현상을 말한다. 커피, 카카오, 아몬드 등의 음식물을 볶거나 빵을 구웠을 때 나는 풍미의 원인이 되는 것이 바로 그 반응이다. 그런데 마이야르 반응은 캐러멜화 반응과는 상관이 없다. 흔히들 고기를 두고 '캐러멜색이 나게 굽는다'는 말을 쓰긴 하지만, 캐러멜화에는 당분만 개입하기 때문이다.

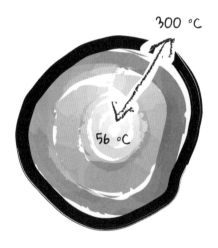

부엌의 화학자

고기를 불에 올리거나 달궈진 팬에 올려서 고기에 높은 온도를 가하면 표면의 수분이 빨리 제거되고, 따라서 마이야르 반응이 가속화된다.

반대로, 고기의 내부에서는 일정 한계를 넘지 않는 온도로 구조의 변화가 조금만 일어나게 해야 한다. 색은 생고기의 붉은색에서 분홍빛으로 바뀌되, 질감은 생고기에 가깝게 남아 있도록 굽는 것이다. 스테이크를 구울 때 중심부에 가해지는 온도는 보통 56℃ 정도다. 이 온도면 알부민이 응고하는 온도보다 아래에 위치하게 되며, 그래서 고기는 조

> 단백질의 변성과 응고,
> 이것이 키워드다.

직에 희끄무레한 막이 생기는 일 없이 불그스름한 색을 유지한다. 하지만 온도가 62℃를 넘기면 알부민이 응고하면서 불투명한 고체 조직이 생기고, 그 결과 고기는 회색으로 변하게 된다.

스테이크의 겉과 속 사이에서는 블루레어에서 웰던에 이르는 굽기의 모든 단계(블루레어-레어-미디엄레어-미디엄-미디엄웰-웰던)를 관찰할 수 있다. 그리고 이때 각 단계의 물리학적 넓이는 조리 속도와 온도에 따라 달라진다. 이른바 '센 불에서 한 번만 뒤집기' 비법으로 고기를 300℃로 구우면 겉은 바삭하고 노릇하면서 속은 촉촉하고 연한 스테이크를 맛볼 수 있다. 하지만 약한 불에서 오래 구우면 신발 깔창 같은 스테이크를 먹어야 한다!

고기의 질감은
응고와 가수분해에 달려 있다

● 겉과 속을 다르게 익혀야 한다는 첫
번째 기준 다음으로, 스테이크에 필요한 두 번째 기준은 익히는 일 자
체를 잘해야 한다는 것이다. 그렇다면 고기를 익힌다는 것이 실제로
무엇을 의미하는지를 먼저 알아볼 필요가 있다.

앞에서 보았듯이 달걀은 가열하지 않고도 익힐 수 있다. 산과 알코
올도 온도라는 변수와 마찬가지로 달걀의 단백질을 변성시켜 응고시
킬 수 있기 때문이다. 따라서 단백질을 익히는 문제에서 키워드는 변
성과 응고, 바로 이것이다. 물론 이게 전부는 아니지만.

근육

근육 조직은 수많은 근원섬유가 모여 근섬유를 만들고, 근섬유
가 다시 다발로 모여 근육을 만드는 구조로 되어 있다. 이때 근섬
유 다발의 밀도와 공간적 짜임새(일종의 직물 같은), 그리고 조직의

결합을 책임지는 콜라겐의 양이 고기의 기계적 속성에 영향을 준다. 뒤에 가서 보겠지만 채소의 구조도 고기의 구조와 아주 비슷하다. 여기서 우리가 기억해야 할 점은 채소와 고기 둘 다 복잡한 섬유 조직으로 이루어져 있으며, 채소나 고기를 익힌다는 것은 바로 그 섬유 조직을 일부 분리시킴으로써 입에서 씹었을 때 연한 질감이 나도록 만드는 일이라는 사실이다. 따라서 고기를 연하게 만들고 싶다면 섬유간 결합을 끊는 방법을 알아야 한다.

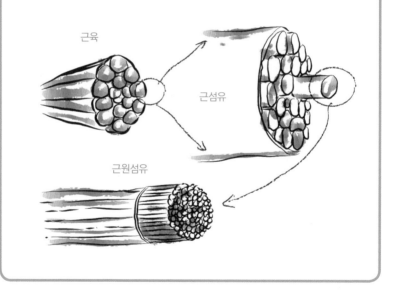

근육

근섬유

근원섬유

고기의 결합 조직(근육)은 근원섬유를 구성하는 단백질과 알부민(달같흰자의 것과 같은), 수분, 그리고 그물 구조의 콜라겐으로 이루어져 있다. 콜라겐은 스프링을 닮은 삼중나선 구조의 기다란 분자인데, 구조 단백질로서 근육을 지탱하고 잡아주는 역할을 한다. 고기의 단단함(안 좋게 말하자면 질김)의 원인이 되는 것이 바로 콜라겐이다.

'저급육'이라고 불리는 부위, 즉 콜라겐과 긴 섬유질이 풍부해서 단단한 성질을 가진 양지나 사태 같은 부위는 안심이나 앞다리살처럼 스테이크로 굽지 말고 오랫동안 익히는 조리법을 써야 한다. 그에 반해 '고급육'이라고 불리는 부위는 현미경으로 관찰했을 때 짧은 섬유질만 보인다. 질긴 부위의 고기들은 스튜나 찜을 만드는 조리법으로 국물에서 오래 익혀야 육질이 연해지는데, 수분이 열의 도움으로 콜라겐 그물에 침투하면서 그 구조를 조금씩 해체하기 때문이다. 이른바 '가수분해加水分解'라고 불리는 현상이다. 글자 그대로 물로 분해한다는 뜻이다.

가수분해가 일어나면 삼중나선 구조를 이루고 있던 콜라겐 가닥들이 하나둘 풀어지고, 그 결과 이 '분자 스프링'의 뻣뻣한 성질이 크게 완화된다. 이때 한 가닥씩 풀어진 콜라겐은 다름 아닌 젤라틴으로, 고기 국물을 끓였다가 식히면 젤처럼 굳는 원인이 바로 그 젤라틴에 있다.

따라서 콜라겐의 가수분해를 돕기 위해서는 고기를 물에 오랜 시간 끓여야 한다. 약한 불에 오래 끓일수록, 그리고 여러 번 데울수록 맛이 더 좋아지는 요리들은 다 이유가 있는 것이다!

결국 고기를 익히는 일에는 거의 반대되는 두 가지 작용이 걸려 있다. 한편으로는 조직 내에 존재하는 알부민을 응고시켜 단백질 그물을 만들어야 하고, 다른 한편으로는 이미 존재하는 콜라겐 그물을 불안정하게 만들어서 고기가 연해지는 것을 도와주어야 하기 때문이다.

고기의 질감은 익히는 과정과 그 반대 과정 사이의 일종의 타협에 따른 결과물이다. 그래서 어떤 부위들은 익히는 과정 없이도 먹을 수 있다. 예를 들면, 육회, 카르파초carpaccio(이탈리아식 육회 요리*) 등이 있다. 콜라겐 성분이 적고 짧은 섬유질로 이루어진 부위는 날것일 때 더

콜라겐

콜라겐의 가수분해

부드럽기 때문이다. 그러므로 '어떻게 익힐까?'라는 문제도 물론 중요하긴 하지만 '왜 익힐까?' 역시 생각해봐야 할 문제다.

요리는 어떤 주어진 재료를 먹기에 적합한 것으로 만들거나 맛을 좋게 하기 위해서 그 성질을 변형시키는 일이다. 가령 재료를 익히면 섬유질 조직이 부드러워지며(동물성 재료든 식물성 재료든), 따라서 소화와 흡수에 도움이 된다. 하지만 이러한 장점만 있는 게 아니라 단점도 있다. 많은 무기질과 비타민 성분이 열에 파괴되거나 물에 빠져나가기 때문이다. 그야말로 딜레마가 아닐 수 없다.

식감 면에서는 딸기나 래디시는 생으로 먹는 게 좋고, 아티초크나 플랜틴 바나나(단단하고 녹말 성분이 많아서 조리용 채소로 먹는 바나나*)는 익혀서 먹는 게 좋다. 사과, 바나나, 토마토, 양배추처럼 생으로 먹든 익혀 먹든 상관없는 재료들도 있는데, 요리사들은 이런 재료를 가지고 날것일 때와 익혔을 때의 식감을 동시에 제공하면서 사람들의 미각을 깨워주기도 한다.

스테이크의 생명인 육즙을 잡아두려면

●   고기를 조리하면 육즙, 즉 고기의 향과 영양분이 녹아 있는 액체가 다소간 빠져나온다. 스테이크에 육즙

부엌의 화학자

이 얼마나 많은지는 고기를 잘라봤을 때, 따라서 입에서 씹었을 때 드러나는데, 이때 육즙의 양은 고기의 근육을 이루는 섬유질 조직이 수분을 얼마나 잡아둘 수 있는가에 달려 있다. 제일 이상적인 상태는 고기가 구워지는 동안에는 수분이 그대로 잡혀 있다가, 입에서 씹었을 때 수분의 일부가 빠져나오면서 고기를 촉촉하고 부드럽게 느껴지도록 하는 것이다.

고기를 익히는 과정과 마찬가지로 육즙과 관련해서도 서로 반대되는 두 가지 작용이 문제가 된다.

먼저, 62℃가 넘어가면 알부민이 그물 구조를 이루면서 수분을 가둔다. 고기에 육즙을 잡아두는 울타리가 생기는 것이다. 타르트를 구울 때 도우 바닥에 달걀흰자를 먼저 바르는 것도 같은 원리로, 이때 달걀흰자는 도우에 올리는 재료(크림, 과일)의 수분이 도우로 스며들지 않게 막아줌으로써 타르트를 바삭하게

> 타르트가 눅눅해지지 않게 하려면 도우 바닥에 달걀흰자를 바르거나 카카오버터를 깔아주면 된다. 🔬

유지시킨다. 달걀흰자 대신 카카오버터(혹은 초콜릿)를 잘게 부수어 깔아주는 방법도 있다. 어쨌든 두 경우에서 달걀흰자와 카카오버터는 수분을 막아주고 밀어내는 벽의 역할을 한다.

그런데 68℃가 넘어가면 근원섬유의 단백질이 응고하면서 수분을 잡아두는 힘을 잃게 된다. 이 경우 수분은 젤 상태의 환경에서 빠져나

와(젤이 굳으면서 수분을 방출하는 시네레시스^{synersis} 현상) '삼출물'이라 불리는 것을 형성하는데, 이 현상은 생선을 익힐 때도 자주 볼 수 있다. 생선을 과하게 익히면 생선살이 수축하면서(응고) 살 조직에 갇혀 있던 수분이 빠져나오는 것이다. 따라서 팬에 희끄무레한 액체가 흘러나와 육즙과 수분이 빠진 생선은 부드러운 맛을 잃는다.

하지만 알고 보면 규칙은 간단하다. 절대 과하게 익히지 말라는 것! 스테이크의 경우 맛과 색을 내기 위해(마이야르 반응을 위해) 일단 센 불에서 앞뒤로 노릇하게 구운 다음, 낮은 온도(70℃ 이하)에서 좀 더 익히면서 원하는 굽기로 맞추면 된다.

고기 색깔의 변화는
미오글로빈의 변성 때문

●   알부민은 고기를 익히지 않은 상태에서는 색이 없고 투명한 성질을 띤다. 그런데 열을 가하면(산이나 알코올을 가하는 경우도 마찬가지) 알부민이 응고하면서 근원섬유의 단백질과 미오글로빈(헤모글로빈과 비슷한 색소 단백질로서 고기의 붉은색의 원인이 되는 것) 주위로 희끄무레한 막을 형성한다. 따라서 우리 눈에는 고기의 붉은색에 변화가 생긴 것처럼 보인다.

이러한 변성은 56~58℃ 정도에서 시작하는데, 이때가 블루레어에서 레어로 넘어가는 단계다. 그리고 60℃가 되면 레어에서 미디엄레어로 넘어간다. 62℃부터 일어나는 응고는 고기의 색을 분홍빛에서 회갈색으로 변하게 만들고(미디엄 단계), 66℃가 넘어가면 미오글로빈이 변성하면서 원래의 색을 불가역적으로 잃게 된다.

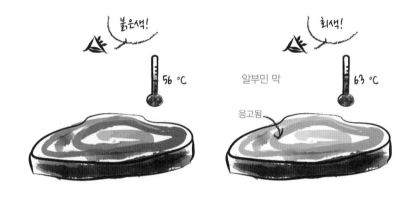

이처럼 고기를 익힐 때 여러 복잡한 메커니즘(응고, 변성, 가수분해)이 개입하는 것은 소고기든 닭고기든(혹은 영화 〈맛있게 드십시오〉에 나오는 바닷가재든) 매한가지다. 하지만 소고기와 닭고기는 구조가 서로 다르고 사람들이 그 요리에서 기대하는 질감도 다르기 때문에 조리 방식은 크게 차이날 수도 있다.

완벽한 스테이크 조리법!

팬에 버터와 기름을 두른다. 센 불에서 고기를 양면이 노릇해지도록 굽는다. 팬에서 고기를 바로 꺼내 식힌다. 비닐팩에 고기와 각종 허브(타임, 파슬리, 셀러리, 월계수잎 등), 그리고 레몬 절임 같은 기타 재료를 취향대로 넣는다. 비닐팩에서 공기를 빼 진공 상태로 만들어 밀봉한 뒤, 중탕기에 넣고 56℃에서 1시간 30분 이상 익힌다(시간은 고기 두께에 따라 조절한다). 스테이크를 내기 직전에 팬에서 센 불에 잠깐 동안만 구워 다시 색을 내고 표면을 바삭하게 만든다. 잘라서 접시에 담고, 굵은소금을 약간 뿌려준다.

채소의 속살을 들여다보면…

●   흰살 육류(붉은살 육류에 비해 미오글로빈이 적어서 흰색을 띤다)를 익힐 때는 약한 불에 오래 끓이면서 콜라겐의 가수분해를 돕는 조리법이 많이 사용된다. 가령 닭고기를 채소와 함께 물에 끓여주면 채소의 향이 고기 속까지 배고, 채소는 채소대로

부엌의 화학자

고기 맛이 들어 더 맛있어진다. 냄비에서 오래 끓이는 내내 삼투와 확산이 일어나는 것이다(삼투에 대해서는 130~131쪽 참조). 그렇다면 채소를 익힌다는 것은 또 무엇을 의미할까?

앞에서 말했듯 고기를 익힐 때는 알부민을 응고시키는 동시에 콜라겐 그물을 불안정하게 만들어야 고기가 연하게 익는다. 채소의 경우도 마찬가지로, 그 구조를 부드럽게 만들어주면 씹을 때 연한 질감이 느껴지고 소화도 잘 된다. 굳이 그렇게 조리할 필요가 없으면 그냥 생으로 먹으면 된다. 실제로 과일과 채소는 완전히 익혀서 부드럽게 먹거나 아니면 아예 생으로 아삭아삭하게 먹는 게 좋다. 다시 말해 채소를 두고 '알덴테al dente(이탈리아어로 '씹는 맛이 있는'이라는 뜻의 용어로, 파스타를 삶을 때 약간 딱딱한 정도로 익히는 것을 말한다*)'로 익히라는 식으로 말하는 것은 옳지 않다. 물론 채소를 알덴테 방식으로 설익히면 편리한 점은 있다. 색과 형태가 유지되어 요리사가 요리를 연출하는 데 도움이 되기 때문이다. 하지만 그렇게 익히면 소화에는 별로 도움이 되지 않는다.

채소를 어떤 식으로 익히는 게 좋은지 알기 위해서는 이번에도 역시 그 내부를 들여다보는 작업이 필요하다. 채소가 무엇으로 이루어져 있고 채소를 이루는 성분들이 어떻게 배열되어 있는지를 알아야 한다는 뜻이다. 육류에서 고기의 구조를 형성하고 지탱하는 주요 성분이 콜라겐이라면, 채소에서는 셀룰로오스가 콜라겐과 같은 역할을 한다.

채소를 얇게 잘라 현미경으로 관찰하는 실험은 시간은 얼마 안 걸리지만 중요한 사실을 알려준다. 가령 양파가 있다고 해보자. 먼저 양파를 얇게 자른다. 참고로 양파를 까거나 잘랐을 때 눈물이 나는 이유는 '프로판시알 S-옥사이드propanethial S-oxide'라는 최루성 분자가 눈을 자극하기 때문이다.

자른 양파를 슬라이드글라스에 올려놓고 관찰해보면 벽돌담 같은 것이 보인다. 바로 그게 양파의 숨겨진 모습이다! 실제로 양파의 세포들은 벽돌을 쌓아놓은 것처럼 배열되어 있으며, 이때 셀룰로오스를 주성분으로 하는 물질이 일종의 시멘트 역할을 한다. 따라서 채소의 구조를 벽돌담에 비유한다면 채소를 익히는 일은 그 담을 허무는 일이라고 할 수 있다. 그렇다면 그 담을 허물려면 어떻게 해야 할까? 방법은 간단하다. 벽돌과 벽돌의 이음새를 공략해서 담이 약해지게 만들면 된다.

셀룰로오스는 수만 개의 당 분자로 이루어진 다당류 계열의 천연중합체다. 이것은 식물의 세포벽을 구성하는 주성분으로, 지구상에서 제일 흔한 중합체에 해당한다. 자연에서 만들어지는 셀룰로오스는 해

부엌의 화학자

마다 1조 톤이 넘는다. 그런데 같은 셀룰로오스로 이루어져 있는데도 나무는 단단하고 풀은 휘어지는 것은 셀룰로오스가 공간에 자리하는 구조의 차이로 인해 그 골격이 서로 다르기 때문이다.

셀룰로오스 분자는 아주 기다란 사슬 모양을 하고 있는데, 그 길이와 구성은 식물종에 따라 차이가 난다(분자 단계). 셀룰로오스 분자와 분자는 물리적 결합, 즉 반데르발스의 힘$^{van\ der\ Waals'\ force}$(전기적으로 중성인 분자 사이에서 극히 근거리에서만 작용하는 약한 인력*)에 의한 수소결합(2개의 원자 사이에 수소 원자가 들어감으로써 생기는 약한 화학 결합*)으로 서로 결합해 미세섬유를 이루며, 미세섬유들은 다시 서로 모여서 거대섬유 단계를 거쳐 섬유질을 이룬다(초분자 단계). 그리고 이 섬유질이 공간에 배열하면서 세포벽을 이루게 된다(미세구조 단계).

이때 또 다른 다당류인 헤미셀룰로오스는 섬유질과 섬유질을 결합시키는 역할을 하며, 리그닌이라는 성분 역시 세포벽을 기계적으로 견고하게 해준다. 식물의 골격은 바로 그 벽들이 층층이 쌓이거나 나선형, 육각형 등의 형태로 결합해 만들어진다.

다시 털실에 비교해 말하자면, 털실을 가지고 물방울무늬나 꽈배기무늬 등을 넣으면서 복잡하게 짠 스웨터와 비슷하다고 할 수 있을 것이다. 알다시피 털실로 짠 스웨터는 물을 많이 흡수해 잡아둘 수 있다. 딱딱하고 뻣뻣해 보이는 채소도 수분 함량이 90%가 넘는 이유가 바로 그 때문이다.

채소를 익힌다는 것은 무슨 의미일까

● 　　　　　　그렇다면 '채소를 익힌다'는 것의
의미를 알아보자. 채소를 익히는 것은 그 복잡하게 짜여 있는 구조를
느슨하게 해주는 것, 다시 말해 채소를 딱딱하게 유지시키는 힘을 줄
여주는 것을 의미한다. 그래서 깍지콩은 생것일 때는 단단하고 아삭아
삭하다가 익으면 입에서 녹듯이 씹히는 부드러운 질감으로 바뀐다.

그럼 어떻게 해야 채소를 '잘' 익히고 '최선으로' 익힐 수 있을까? 염
기성 용액(산성 용액과는 반대되는)을 쓰면 셀룰로오스와 헤미셀룰로오
스의 팽창 및 분해를 유발할 수 있다. 이 방법은 직물 공장에서 셀룰로
오스 섬유를 처리할 때도 쓰인다. 수산화나트륨 용액 같은 염기성 용
액에 들어 있는 음전하 입자(수산화이온, OH^-)가 헤미셀룰로오스의 일
부를 녹여서 셀룰로오스 사슬의 수소결합을 끊어지게 만드는 원리를
이용하는 것이다. 그 결과 채소는 세포벽이 약해지고 섬유질이 풀어진
다. 익는다는 얘기다.

부엌의 화학자

산성의 정도를 나타내는 산도

수소이온농도 지수인 pH는 물질의 산도를 나타내는 것으로, 1에서 14 사이의 값으로 표시된다. 수소이온(H^+)의 양과 상관이 있는데, pH가 1단위 변할 때마다 수소이온농도는 10의 거듭제곱으로 변화한다. pH가 1만큼 차이나면 수소이온농도는 10배 차이나고, pH가 2만큼 차이나면 수소이온농도는 100배 차이난다는 뜻이다!

　pH가 7이라면 그 물질은 중성에 해당한다. 7보다 낮으면 산성(레몬즙: 2~2.5, 위산: 1), 7보다 높으면 염기성이다(샴푸: 8, 탄산수소염: 8.5, 양잿물 또는 가정용 가성소다: 12). 이때 산성은 수소이온이 많아서 나타나는 성질이고, 염기성은 수산화이온(OH^-)이 많아서 나타나는 성질이다. pH가 7인 경우에는 수소이온과 수산화이온이 서로 중화되면서 순수한 물(H_2O)을 이룬다.

　어떤 물질의 pH는 화학 실험실에서든 주방에서든 pH에 따라 색이 변하는 시험지를 이용해 측정하면 된다. 뒤에서 보겠지만 pH를 알면 일부 재료를 제대로 익히는 데 유용할 뿐만 아니라, 과일로 젤리를 만들거나 채소의 색을 보존하는 등의 작업에도 도움이 된다.

이 지식을 요리에 적용하고 싶다면 음전하 입자를 함유하고 있어서 섬유질을 풀어지게 만들 수 있는 염기성 용액을 구해야 한다(수산화나트륨은 요리에 쓸 수 없으니까). 간단히 말해 천연탄산수를 쓰면 된다! 실제로 천연탄산수에는 이산화탄소가 탄산이온(CO_3^{2-}, 음전하 입자) 형태로 녹아 있다. 그리고 천연탄산수 대신 탄산염이 풍부한 비탄산수나 보통 물에 탄산수소염을 조금 타서 써도 된다. 어떤 경우든 탄산이온이 채소의 셀룰로오스에 미치는 작용 덕분에 채소를 보통의 물을 썼을 때보다 더 낮은 온도에서 더 짧은 시간 안에 익힐 수 있다. 열에 의해 파괴되는 시간이 줄어드니까 채소의 향과 비타민을 더 많이 보존하면서 익힐 수 있다는 얘기다. 그래서 탄산수는 대개 오랜 조리 시간을 요하는 말린 채소를 익힐 때도 도움이 된다.

> 렌틸콩을 삶을 때 넣는 베이킹파우더 '한 꼬집'의 비밀은 탄산이온에 있다! 🧪

할머니들이 딱딱한 렌틸콩을 삶을 때 쓰는 비법, 즉 베이킹파우더(탄산수소나트륨) '한 꼬집'의 비밀이 드디어 밝혀졌다! 할머니들은 분자 요리를 하고 있었던 것이다. 게다가 탄산수는 큰 장점을 하나 더 가지고 있다. 탄산수소염이 녹색 채소에 함유된 엽록소에 작용해서 채소가 선명한 초록색으로 익을 수 있게 해준다는 게 그것이다. 이와 반대로, 같은 채소라도 레몬즙이나 식초를 넣어 산성으로 만든 물에 삶으면 칙칙한 갈색이 되어 나온다(컬러화보의 사진8 참조).

부엌의 화학자

그런데 삶은 채소를 차가운 물에 담가두면 '엽록소를 잡아준다'고 말하는 비법은 따라할 것이 못 된다. 냉수는 아무것도 잡아주지 않기 때문이다. 삶던 채소를 냉수에 담그면 익는 것이 중단될 뿐, 냉수 때문에 엽록소가 보존되지는 않는다.

물의 산도, 경도, 탄산염 (채소를 삶기에 적합한 물 고르는 방법)

녹색 채소가 익는 정도와 그 색이 유지되는 정도를 결정하는 변수는 세 가지가 있다. 물의 산도와 경도^{硬度}(물속에 칼슘과 마그네슘이 함유되어 있는 정도*), 그리고 탄산염이 그것이다.

- 산성을 띠는 물은 채소의 색과 구조에 나쁜 영향을 미친다. 산성의 원인이 되는 수소이온은 엽록소에서 빛에 민감한 발색단^{chromophore}이라는 부위를 변화시킨다. 그 결과 엽록소가 흡수하는 빛의 파장 범위에도 변화가 생기고, 그래서 채소는 칙칙한 갈색을 띠게 된다. 게다가 수소이온은 셀룰로오스 벽을 강화시키는 작용이 있어서 채소를 익히는 데도 방해가 된다. 그러므

로 채소를 삶을 때는 아무 탄산수나 쓰면 안 된다. 탄산수 중에는 이산화탄소를 인위적으로 많이 첨가해서 산성을 띠는 제품도 있기 때문이다.

• 물의 경도에 영향을 주는 칼슘이온과 마그네슘이온 역시 세포의 결합력을 키워준다. 그래서 센물, 즉 칼슘이온이나 마그네슘이온을 많이 함유하고 있는 물을 쓰면 채소의 조직을 불안정하게 만들기 어려우며, 그 결과 채소가 안 익거나 간신히 익는(익는 시간이 길어지는) 것 같은 인상을 준다.

• 탄산이온은 수소이온이나 칼슘이온, 마그네슘이온과는 반대되는 작용을 한다. 다시 말해 엽록소의 발색단을 안정시킴으로써 채소가 선명한 초록색을 띠게 해주고, 셀룰로오스의 결합을 끊어지게 만들어 채소가 익는 시간을 줄여준다.

따라서 채소를 삶을 때 미네랄워터(탄산수든 아니든)를 쓰려면 성분 표시를 자세히 읽어봐야 한다. 즉 탄산염(혹은 탄산수소염)이 풍부하면서 염기성을 띠는(pH 7 이상) 단물(칼슘과 마그네슘의 함량이 경도 10 이하로 낮은)을 고르는 게 좋다.

조금만 신경 써서 물을 잘 고르면 맛과 영양을 지키면서 보기에도 좋고 먹기에도 좋게 채소를 익힐 수 있다. 게다가 시간까지 절약하고….

온도와 압력을 잘만 이용하면 조리법이 새로워진다

● 　　　　　　　　　　앞에서도 계속 언급했듯이 온도는 재료를 익힐 때 중요한 변수로 작용한다. 온도조절장치가 달린 도구가 없는 이상 온도를 아주 정확히 조절하기는 어렵겠지만, 그래도 요리를 할 때 누구나 쉽게 조절할 수 있는 게 온도라는 변수다. 그런데 요리에서 중요한 변수는 온도만 있는 게 아니다.

압력이라는 변수 역시 물질의 상태 변화에 영향을 주는 물리적 요인이다. 압력으로도 음식이 익는 정도를 바꿀 수 있다는 뜻이다. 그렇다면 요리를 꼭 대기압 상태에서만 할 필요가 있을까? 압력을 크게 높이거나 낮춘 상태에서 요리하면 뭔가 새로운 결과가 나오지 않을까?

압력을 바꾸면 끓는 온도가 달라진다. 압력이 높을수록 끓는점도 올라가기 때문이다. 바로 이 원리를 이용한 것이 압력솥인데, 압력솥은 내부의 압력이 높아 물의 끓는점이 올라가면서 재료를 더 빨리 익혀준다. 100℃보다 높은 온도에서 익히기 때문이다. 일반적으로 압력

솥 내부의 압력은 2기압 정도이며, 따라서 물이 약 120℃에서 끓는다.

반대로 압력을 낮추면(부분적으로 진공 상태를 만든다는 뜻) 끓는점도 내려간다. 그래서 알프스 산맥에서 제일 높은 몽블랑 정상에서는 물이 약 85℃에서 끓는다. 그렇다면 이러한 정보를 바탕으로 우리가 할 수 있는 일은 어떤 게 있을까? 높은 곳에서는 채소가 늦게 익는다고 불평하는 건 빼고 말이다.

중탕기를 이용한 저온 조리법을 두고 진공 상태를 뜻하는 프랑스어 '수비드 sous vide'라는 명칭을 쓰는 경우가 많은데, 정확히 말하면 그 명칭은 잘못되었다. 공기를 뺀 비닐팩에 재료를 넣는 것은 맞지만 조리 자체는 대기압 상태에서 이루어지기 때문이다. 그저 재료 주변의 공기를 제거할 뿐, 진공 상태에서 익히는 것은 아니라는 얘기다.

사실 온도와 압력이라는 두 변수를 동시에 조절할 수 있게 해주는 도구는 별로 없다. 그 중에서 '가스트로박 Gastrovac' 같은 유형의 진공솥은 조리가 진행되는 동안 솥 내부 공기를 펌프로 계속 빼내는 방식을 통해 동적인 진공 상태를 유지시킨다. 실제로 압력을 낮춘 상태에서 가열하는 것이다. 따라서 끓는점이 크게 내려가면서 조리 온도도 낮아지며, 그 결과 조리 시간은 더 오래 걸린다. 이 같은 저압 조리법은 재료의 향과 영양분, 색소가 열에 파괴되는 현상을 크게 억제해준다는 장점을 지녔다.

가스트로박은 그 같은 형태의 조리법을 처음 시도한 도구라는 점에서 의미가 있다. 그렇다면 조리하는 동안 진공 상태가 계속 유지되는 오븐도 만들 수 있을까? 불가능한 일은 아닐 것이다. 자, 이제 가전제품 개발자가 나설 차례다!

진공, 정적인 진공, 동적인 진공

진공이란 어떤 것일까? 그 공간에 아무것도 없다는 뜻이다. 분자도 없고, 원자도 없고… 물질이 전혀 존재하지 않는 상태라는 말이다. 또한 진공 상태는 압력이 있는 상태의 반대로도 정의할 수 있다. 더 정확히 말하자면 진공은 압력이 '제로'인 상태에 해당한다. 그런데 진공 상태는 경우에 따라 그 정도가 높을 수도 있고 낮을 수도 있다. 다시 말해 대략적인 진공 상태도 있고(진공청소기), 낮은 단계의 진공 상태(주방에서 쓰는 진공 포장기)나 높은 단계의 진공 상태(연구실에서 쓰는 초고진공 실험기)도 있다. 그리고 같은 진공이라 하더라도 공기를 '빨아내서' 진공을 만든 다음 그 상태를 그대로 유지시키면 '정적인 진공'이라 하고, 펌프 같은 도구를 이용해 진공 상태를 계속해서 만들어내면 '동적인 진공'이라 한다.

4

물리화학으로
진가를 발휘하는
요리 레시피

마음의 목소리 : 자, 어서 먹어! 이 슈크림 네가 정말 좋아하는 거잖아.
타랭 신부 : 날 좀 내버려둬, 아무리 그래봤자 안 먹어!
마음의 목소리 : 할머니가 만들어주셨던 것만큼 맛있어 보이는데, 안 그래?
딱 한 입만 먹어보는 거야.

— 영화 〈수호천사Guardian Angels(1995)〉 중에서, 감독 장 마리 프와레Jean-Marie Poiré

젤은 손발이 묶인 상태와 같다

● 　　　　　　　　　달걀은 가열하면 굳는데 잼은 식히면 굳는다. 그리고 달걀흰자는 너무 익히면 수분이 빠지는데 과일 젤리는 너무 익히면 물처럼 변한다. 왜 이런 모순이 생기는 걸까? 달걀, 빵의 속살, 잼, 옛날식으로 만든 아스픽aspic(고기, 생선, 달걀, 채소 등의 다양한 재료를 푹 삶은 다음 젤리로 굳혀 차갑게 먹는 요리*), 녹색 채소와 한천으로 만든 초록색 스파게티 면, 다시마, 미역 등의 갈조류에서 추출한 알긴산염으로 만든 캡슐, 이 모두가 동일한 화학적 상태와 관계가 있다. 그것은 바로 젤이다!

앞에서 말했듯 달걀흰자가 익는 이유는 흰자에 함유된 단백질 분자들이 열의 작용으로 펼쳐지면서 서로 얽혀 고체 그물을 이루기 때문이다. 액체 상태에서 각각의 분자는 가까이 있는 분자들에만 신경을 쓰면서 거의 자기가 원하는 대로 할 수 있지만, 고체 상태로 옮겨가면 모든 분자가 서로 묶이면서 서로에게 종속된다. 서로 견고하게 결합함으로써 '고체solid'라는 용어의 뜻대로 단단한 상태가 되는 것이다.

액체를 '잡아당기면', 예를 들어 물이 담긴 컵을 약간 기울이면 얼마간의 물이 흘러나오는 것을 볼 수 있다. 달리 말해 컵에 있던 물이 모두 한꺼번에 쏟아지지는 않는다. 물을 이루는 분자들은 가까운 거리에 있는 것들끼리만 상호작용을 하기 때문에, 그리고 분자간 결합이 꽤 약하기 때문에 나타나는 현상이다.

이와 반대로, 포크 같은 고체는 끝만 잡아당겨도 다 들어올릴 수 있다. 포크를 이루고 있는 금속 원자들은 서로 묶여 있어서 한꺼번에 움직이기 때문이다.

물질의 상태

물질의 상태를 고체, 액체, 기체로 간단히 정의하는 일은 생각처럼 그렇게 쉽지는 않다. 우리가 호흡하는 공기가 기체라는 것과

부엌의 화학자

우리가 마시는 물이 액체라는 것, 그리고 요리에 넣는 소금이 고체라는 것은 누구나 동의하는 사실이지만, 문제는 온도(그리고 압력)를 가하면 상태가 변한다는 점이다.

물질의 상태는 왜 변하는 걸까? 미시적인 차원에서 어떤 일이 벌어지는 것일까? 게다가 상태가 변하는 조건도 물질마다 제각각이다. 예를 들어 물은 100℃에서 끓는데 액체 질소는 –196℃에서 끓는다! 또 얼음은 0℃에서 녹는데 소금은 약 800℃에서 녹는다. 왜 그런 차이가 생기는 걸까?

열은 에너지원으로서 물질 내부의 결합을 끊어 상태를 바꾸어 놓을 수 있는데, 이때 문제의 결합은 물질에 따라 강할 수도 있고 약할 수도 있다. 그래서 상태를 바꾸는 데 필요한 온도 역시 더 높

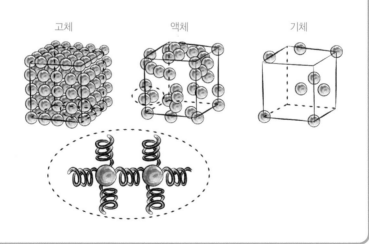

고체   액체   기체

거나 낮은 차이가 생긴다.

물질의 상태를 특징짓는 데 관여하는 물리량은 물질의 밀도, 다시 말해 단위 부피당 존재하는 입자(원자나 분자)의 수다.

고체는 밀도가 높은 상태로, 단위 부피당 분자의 수가 아주 많다(분자들이 밀집해 있다고 말한다). 고체를 이루는 입자들은 서로 단단히 결합해 결속된 상태에 있으며, 그래서 고체 상태의 물질은 잡아당겼을 때 흘러내리지 않고 한 덩어리로 움직인다.

고체를 이루는 입자들은 아주 규칙적으로 배열된 것도 있고(완벽하게 규칙적인 배열은 없지만), 반대로 무질서하게 불규칙적으로 배열된 것도 있다. 전자의 경우는 결정성 고체, 후자의 경우는 비결정성(유리질) 고체라고 말한다. 그리고 일부분은 결정성을 띠고 또 일부분은 비결정성을 띠는 중간 단계의 고체도 존재한다(몇몇 플라스틱 중합체와 셀룰로오스 같은 식물성 섬유).

제과에 쓰이는 설탕 시럽은 화학적으로는 '사카로스(자당)'라고 부르는 설탕을 130℃ 이상에서 끓여 녹인 것으로, 완성된 설탕 시럽을 작업대에 부으면 설탕 유리가 만들어진다. 투명하고, 깨어지기 쉽고, 입자들이 불규칙하게 배열된 내부 구조를 가진다는 점에서 유리판과 비슷하다. 하지만 시간이 지나면 결정이 생기기 시작하는데, 설탕이 더 안정된 상태로 돌아가기 위해 다시 결

부엌의 화학자

정을 이루기 때문이다. 따라서 설탕 유리는 희고 불투명한 상태로 변하게 된다. 그래서 설탕을 녹여 만든 과자나 장식의 투명함을 오래 유지시키려면 순수 글루코스나 전화당을 첨가해서 결정화 작용을 지연시키는 방법을 써야 한다(컬러화보의 사진6, 사진7 참조). 여기서 전화당이란 사카로스를 부분적으로 가수분해 해서 얻은 프룩토오스(과당이라고도 함, 꿀이나 단 과일 속에 들어 있는 단당류*)와 글루코스의 혼합물을 말한다.

기체는 고체와 반대로 밀도가 매우 낮은 상태다. 기체를 이루는 입자들은 서로 묶여 있지 않으며, 1초에 수천 킬로미터까지 사방으로 매우 빠르게 움직인다. 기체 입자들이 할 수 있는 유일한 상호작용은 서로 부딪치거나 기체가 담겨 있는 용기의 벽(혹은 건물의 벽이나 사람의 머리 등)에 튕기는 것이다.

액체는 고체와 기체의 중간 상태에 해당한다. 액체를 이루는 입자들 중 일부는 '서로 아는' 상태에 있고(부분적으로나마 규칙적으로

결정 상태

비결정 상태

배열하면서 서로 연결된 입자들), 또 일부는 기체에서처럼 물질 내부를 빠르게 돌아다니느라 '서로 모르는' 상태에 있다. 이때 서로 아는 입자 집단과 서로 모르는 입자 집단은 시간에 따라 계속해서 변화하는데, 이 점에서 액체는 비결정성 고체와 차이를 보인다. 비결정성 고체의 경우 입자들이 불규칙하게 배열된 부분이 시간이 지나도 거의 혹은 전혀 변하지 않기 때문이다.

예를 들어 우유와 크림, 달걀, 그리고 그 밖의 원하는 재료(버섯, 베이컨, 허브, 잘게 다진 참치 등)로 키슈quiche라는 파이를 만든다고 가정해 보자. 이 재료들을 모두 섞으면 전체적으로 액체 상태가 된다. 화학자

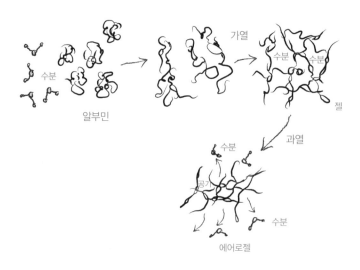

부엌의 화학자

가 이 요리를 이론적 모델을 세워 연구하고자 할 경우 두 가지 중요한 성분에 주목할 것이다. 수분(우유의 주성분)과 알부민이 그것이다. 알부민은 재료를 익히지 않은 상태에서는 수분 속을 떠다니듯 돌아다니는데, 크기가 크기 때문에 이동 자체는 어렵고 느린 편이다. 재료를 혼합한 액체가 끈적끈적한 성질을 띠는 이유가 바로 그 때문이다.

그럼 이제 재료를 오븐에 넣고 가열해보자. 파이가 일단 익으면 고체를 자르듯이 자를 수 있다. 재료의 분자들이 서로 결속해 있기 때문에 파이를 조각조각 자를 수 있는 것이다. 이때 단백질 그물에는 재료의 수분(그리고 베이컨과 버섯 등)이 분산되어 있는데, 이렇게 재료들이 젤 구조를 이루면서 파이가 익게 된다.

그런데 한 번 익은 파이를 익히기 전의 상태로 되돌리는 일은 불가능하다. 파이가 익으면서 생긴 입자들 간의 결합은 강한 화학 결합이기 때문에, 그리고 문제의 반응은 온도라는 변수로는 되돌릴 수 없는 성질의 것이기 때문이다. 바로 이러한 상태의 젤을 두고 '화학적 젤'이라고 말한다. 화학적 젤은 냉각을 하면 분자들의 움직임이 차가운 온도에 의해 제한을 받으면서 질감이 더 단단해진다(파이의 경우는 딱딱하게 굳은 것처럼 변한다). 그리고 열을 지나치게 가하면 처음에는 단단해지다가 나중에는 그물 구조에 갇혀 있던 수분이 증발하면서 말라버린다. 열을 계속 가하면 건조하게 변한다는 이 특성이 과일 잼이나 젤리와는 구분되는 큰 차이점이다.

익지 않은 상태로 되돌리기

화학자는 익은 달걀을 '익지 않은 상태'로 되돌리는 마술 같은 일을 할 수 있다. 수소화붕소 같은 독성이 강한 물질을 이용해 이황화 결합(황이 2개 연결된 결합)을 끊어놓는 것이다. 반응이 나타나려면 오래 걸리긴 하지만(몇 시간), 깜짝 놀랄 만한 결과물이 나온다. 불투명한 고체 상태의 달걀흰자가 반투명한 액체로 바뀌기 때문이다.

빵의 속살이 품은 수분을 없애면…

●　　　　　　　빵의 속살이 익는 현상도 화학적으로는 그물화에 해당한다. 밀가루에 물을 넣고 반죽하면 밀에 함유된 글루텐이라는 단백질 분자들은 털실 뭉치가 풀어지듯이 펼쳐졌다가 서로 얽히면서 그물 구조를 형성하는데, 이로써 밀가루 반죽은 탄성을 갖게 된다. 그리고 반죽을 발효시키고 구우면 효모의 작용으로 발생한 이산화탄소가 그 그물에 갇히는 한편, 그물 자체는 고체로 변한다. 빵의 속살이 만들어지는 것이다. 이 과정에서 생기는 화학 결합 역시 열

에 잘 견디는 매우 강한 성질을 띠
며, 따라서 빵으로 구워진 재료를 원
래 상태로 되돌릴 수는 없다.

비스코트는 수분이 다 빠진 '에어로 젤' 상태의 빵이라고 할 수 있다. 🔬

　빵이 시간이 지날수록 마르는 이유는 그물에 갇혀 있던 수분이 조금씩 증발하기 때문이다. 실제로 비스코트^{biscotte}(두 번 구워서 만든 바삭하고 딱딱한 과자 같은 빵*)는 수분이 다 빠진 빵이라고 할 수 있는데, 이러한 상태를 두고 '에어로젤(젤에서 액체 대신 기체가 들어가 있는 형태)'이라고 부른다.

　말라버린 빵 속살은 주로 아밀로오스와 아밀로펙틴(둘 다 녹말의 성분을 이루는 다당류의 일종. 아밀로오스가 많으면 딱딱해지고 아밀로펙틴이 많으면 질어진다.*), 글루텐으로 이루어져 있으며, 밀가루 반죽이나 갓 구워낸 신선한 빵과 달리 충격을 흡수해줄 수분이 없기 때문에 쉽게 부스러진다. 이러한 내용을 알고 있다면 물리화학자가 말하는 다음 문장이 블루베리 잼과 비스코트를 달라는 뜻임을 이해할 수 있을 것이다.

　"사카로스와 안토시안(식물의 꽃, 잎, 열매 등에 나타나는 수용성 색소로 빨강, 파랑, 초록, 자주 따위의 빛깔을 띤다.*)이 고농도로 함유된 그물 구조의 다당류와 에어로젤 상태의 글루텐 덩어리 좀 주시겠습니까?"

음식의 바삭한 질감 만들기

● 　　　　　　　　　키슈 파이를 두 번 세 번 계속 데우
면 파이는 갈수록 마르면서 결국은 먹을 수 없는 지경에 이른다. 파이
도 수분이 다 빠지면 비스코트나 빵가루처럼 바삭하게 변하는 것이다.
파이를 데울 때마다 젤 구조에 갇혀 있던 물이 부분적으로 증발하고,
그 결과 파이는 전체적으로 마르게 된다. 특히 가장자리는 수분이 가
장 먼저 제거되기 때문에 제일 빨리 건조해진다.

활용도 높은 에어로젤

에어로젤은 고체 상태의 물질이지만 밀도는 매우 낮다. 거의 공
기로만 이루어져 있기 때문에 아주 좋은 절연체가 될 수 있으며,
실제로 단열이나 방음 자재로 많이 활용된다. 또한 에어로젤은
수많은 기포로 이루어진 다공 구조로 활성 면적이 넓어서 촉매제
로 쓰기에 이상적이다. 예를 들면, 수소연료전지의 촉매제, 자동
차의 촉매 변환기(자동차 배기가스 중 인체에 유해한 성분을 무해한 성

분으로 변환되도록 촉매 작용을 하는 장치*)에서 산화탄소(CO, CO_2)를
분해하는 촉매제 등으로 쓰인다.

음식의 바삭한 질감은 내가 석사 과정에 있을 때 에르베 디스 교수
의 지도하에 진행한 첫 번째 연구 주제였다. 설탕 시럽과 설탕 유리를
연구해 바삭한 질감의 이론적 모델을 만드는 내용이다. 설탕을 물과
함께 끓이면 설탕 시럽이 되는데, 이때 물을 많이 증발시킬수록 시럽
의 농도는 높아진다. 시럽은 끓일수록 계속 걸쭉해지며, 어느 순간 작
업대에 부으면 유리 같은 고체로 변한다. 설탕이 점성이 없는 액체에
서 끈적끈적한 액체로 변했다가 다시 고체 상태로 옮겨갔다는 얘기다.

그런데 설탕 유리 내부에 균열(기계적 변형 파장)이 생길 경우 이 균열
은 전체적으로 번져갈 수 있다. 그러면 설탕 유리는 바삭한 소리를 내
면서(음파가 발생했다는 뜻이다) 깨지고 만다!

나는 이러한 과정을 수량으로 나타냈고(변형의 정도, 점성의 정도, 수분
의 변화), 이 실험에서 관찰되는 상태의 변화를 침투 현상으로 설명할
수 있다는 의견을 내놓았다(114~116쪽 참조).

얇고 바삭바삭한 과자 만들기

음식의 바삭한 질감과 외관은 수분의 손실에서 비롯된다. 예를 들어 크레이프를 만들면서 굽는 시간을 늘려주면, 다시 말해 수분을 거의 다 증발시켜 에어로젤 상태로 만들면 크레이프가 얇고 바삭바삭한 과자로 변신한다.

같은 원리에 따라 커스터드 소스로도 얇고 바삭바삭한 과자를 금세 만들어낼 수 있다. 커스터드 소스를 베이킹 페이퍼에 얇게 펴 바른 다음, 오븐에 넣고 가열하면서 수분을 날려주기만 하면 된다.

침투 현상

모래에 물이 스며드는 것과 같은 침투 현상은 보편적인 물리적 법칙에 따른 것으로, 우리 사회 곳곳에서 볼 수 있다. 예를 들어 산불이 번지는 과정, 정보나 전기신호가 확산되는 과정, 전염병이 퍼지는 과정 등이 모두 침투 현상으로 설명된다. 여기서 각각

부엌의 화학자

의 입자(나무, 개인 등)는 저마다 하나의 위치를 점유하고 있으며, 일정 수의 이웃에게 자신의 상태(전기가 통하는 성질, 질병, 정보 등)를 전달할 수 있다. 그러한 이웃을 '배위자配位子'라 부르고, 그 수를 '배위수配位數'라고 한다. 입자가 이웃을 많이 두지 않은 경우에 침투는 국지적인 현상으로 머물지만, 이웃의 수가 충분히 많고 이웃끼리의 거리도 충분히 가까운 경우에는 현상의 범위가 확대되면서 멀리까지 퍼지게 된다.

침투 현상에서 물질의 계系, system는 입자 사이의 결합이 한 번 추가되거나 이웃 입자가 하나 더 추가되는 것을 경계로 어떤 상태에서 다른 상태로 갑자기 옮겨간다. 예를 들어 다음 페이지의 그림에서 첫 번째 물질계는 절연체 상태지만, 원자 하나가 추가되는 순간 전도체 상태로 바뀐다. 그처럼 물질계가 침투 현상에 의해 한 상태에서 다른 상태로 변하는 것, 예를 들면, 닫힌계/열린계(열린계는 물질과 에너지 출입이 가능한 상태, 닫힌계는 에너지 출입은 가능하지만 물질 출입은 불가능한 상태*), 전도체/절연체, 건강한 상태/병든 상태, 정보를 아는 상태/정보를 모르는 상태, 부드러운 상태/바삭바삭한 상태 등으로 변하는 것을 두고 '침투 전이'라고 말하며, 상태가 변하는 경계선을 '임계점'이라고 말한다.

예를 들어 그릴에 전지와 전구를 연결해 일종의 전기 회로를 만든 뒤, 금속으로 된 핀을 그 위에 하나씩 계속 올려놓는다고 해보자. 핀의 숫자가 부족할 경우 그릴은 전체적으로 절연 상태에 있기 때문에 전구가 켜지지 않는다. 하지만 핀의 수가 어떤 한계를 넘는 순간 그릴은 바로 그 핀 하나 차이로 갑자기 전도체로 바뀌고, 그 결과 그릴에 전기가 흐르면서 전구가 켜지게 된다.

아래 그림이 보여주듯이 절연체에서 전도체로의 변화는 침투 전이에 해당하며, 주어진 공간에 금속성 입자들이 어떤 식으로 배열해 있는지가 전도체의 속성을 좌우한다. 실제로 침투 전이를 유발할 수 있는 단위 면적당(혹은 단위 부피당) 입자의 수(입자가 위치한 지점의 수)는 입자가 사각형으로 배열하느냐 벌집처럼 육각형으로 배열하느냐에 따라 달라진다. 2차원 구조에서든(우리 실험에 쓰인 그릴의 경우) 3차원 구조에서든(다른 많은 시스템의 경우) 마찬가지다.

침투 전이

왼쪽은 금속성 입자들이 위치한 지점의 수가 적은 상태로, 이 물질계는 그 바탕이 원래 지니고 있던 절연체의 성질을 유지한다. 이에 비해 오른쪽은 침투 임계점에 도달한 상태이며, 그 결과 물질계는 거시적으로 전도체의 성질을 띤다.

부드러운 파이와
딱딱한 파이의 경계는?

●   젤화 역시 침투 전이에 해당한다.
젤화는 입자들이 분리되어 있던 상태에서 서로 결합된 상태로 옮겨가
는 현상이기 때문이다. 따라서 이 경우에도 임계점이라는 경계선이 존
재하며, 젤화제가 임계 농도를 넘겨야 젤의 형태가 지탱된다.

키슈 파이를 만드는 경우를 다시 예로 들어보면, 우유 1리터당 달걀
을 하나만 넣으면 재료가 너무 물러서 파이 모양이 잡히지 않는다. 하
지만 우유 1리터당 달걀을 10개 넣으면 파이 모양은 확실히 잡히지만
너무 딱딱해질 우려가 있다. 따라서 재료를 적절히 응고시켜줄 단백질
의 임계점(재료에 들어가는 달걀의 수)이 존재한다는 뜻이다.

젤라틴이나 한천, 카라기난^{carrageenan}(홍조류에서 추출한 물질로 식품의
점착성 및 점도를 높여준다. 139쪽 참조*) 등의 젤화제를 쓸 때 그 양을 1밀

우유를 젤 상태로 만드는 테스트

리그램 단위로 조절하는 것도 임계점으로서의 적절한 농도를 찾기 위해서다.

우유를 젤 상태로 만들 때 젤화제의 용량에 변화를 주어 테스트해 볼 수 있다. 젤화제를 우유 질량의 0.42% 쓴 경우에는 젤이 무너지는 반면, 0.5%를 쓰면 젤이 단단하긴 하지만 너무 딱딱하게 나온다. 따라서 우유에 쓸 젤화제의 적량은 그 사이가 되어야 하는데, 테스트에서 확인된 값은 0.455%다. 이 수치들이 말해주듯 젤화제를 쓸 때는 그 양을 아주 정확하고 세밀하게 조절해야 하며, 넘어야 할 경계선과 넘지 말아야 할 경계선을 알아야 한다.

물리학, 통신, 의학, 사회학 등 서로 다른 분야의 현상들을 같은 이론으로 해석하고 모델화할 수 있다는 사실은 흥미로운 일이다. 실제로 혈액 순환이나 지하철의 인파, 차량의 통행에서 중요한 것은 그 흐름이 '막히지 않는 것'으로, 이런 현상들은 모두 동일한 물리 방정식으로 수량화할 수 있다. 그리고 더 나아가, 이론적 모델을 통해 현상들에 대한 예상과 예측도 가능하다. 이는 전염병의 확산 같은 문제에 큰 도움이 된다. 요리에 대해 말하면서 언급한 침투 이론과 물리화학적 그물의 개념이 우리 사회의 네트워크(인터넷, 지역사회 공동체 등)에 대해 이야기할 때도 온전하게 뜻이 통하는 것이다!

고체와 액체의 입자배치 이해하기

●   나는 수업이나 강연을 할 때 사람들에게 종종 상황극을 시킨다. 예를 들어 재료가 익는 현상(변성-응고-그물화)에 대해 설명하는 경우라면 파이의 재료가 되어보게 한다. 자신이 분자(혹은 원자)가 되었다고 상상하면 물론 재밌는 기분이 들기도 하지만, 무엇보다도 물리화학적인 개념들을 더 잘 이해할 수 있다. "우리는 단백질, 우리 주변의 공기는 수분이라고 가정해봅시다. 우리가 달걀의 흰자가 되어보는 거예요." 물질을 사람에 빗대는 것에 대해 비난하는 사람들도 있겠지만, 그 같은 방법의 한계를 일단 분명히 해두면 일부 개념을 더 쉽고 재미있게 설명할 수 있다.

예를 들어 결정結晶의 주기성週期性이라는 개념을 설명할 때는 강의실의 좌석 배열에 어떤 공간적 규칙성과 질서가 있음을 확인시킨 다음, 분자들이 규칙적으로 배열해 있는 결정 상태와 무질서하게 돌아다니는 액체의 비결정 상태(사람들이 임의로 이동하는 상태)의 차이를 이야기하면 된다.

그리고 배위수의 개념은 각자 자신과 앞뒤좌우로 이웃해 앉은 사람들의 수를 세어보게 한 다음에 설명한다. 가령 강의실 좌석이 일렬로 배치되어 있으면 청중 한 사람은 4명의 이웃을 갖고, 좌석이 벌집처럼 육각형 그물 구조로 배치되어 있으면 6명의 이웃을 갖는 것이다. 또한 이웃 입자들 사이의 결합은 이웃해 앉은 사람들끼리 손을 잡는 것으로 설명할 수 있다. 이때 내가 입자 하나를 잡아당기면, 다시 말해 청중한 사람을 잡아당기면 그 사람이 앉은 줄 전체가 움직이게 된다. 이로써 고체의 정의가 바로 설명되는 셈이다!

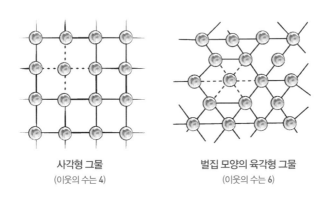

사각형 그물
(이웃의 수는 4)

벌집 모양의 육각형 그물
(이웃의 수는 6)

위 그림에서 알 수 있듯이 같은 면적이 주어질 경우 사각형 그물 구조보다는 벌집 모양의 육각형 그물 구조에 더 많은 입자를 배치할 수 있다. 벌집 구조일 때 입자가 더 촘촘하게 자리하기 때문이다. 육각형 그물 구조는 우리 주변에 보편적으로 존재하는데, 예를 들어 벌집뿐만 아니라 수많은 금속의 원자 구조와 나무나 작물을 심는 방식에서도 볼 수 있다. 따라서 마카롱처럼 동그란 과자를 줄지어놓을 때는 사각형보다는 육각형 모양으로 배열해야 공간 활용 면에서 더 효율적이다. 음료수 병이나 캔을 좁은 공간에 쌓을 때나 텃밭에 채소를 심을 때도 마찬가지다.

부엌의 화학자

젤리에 열을 가하면 액체로 변하는 이유

●　　　　　　　　　젤리는 젤 상태의 물질이라는 점에
서 그 이름에 아주 잘 어울리는 음식이다. 그런데 과일 잼이나 젤리 같
은 젤은 일단 젤 상태가 되었다 하더
라도 열을 이용해 다시 액체 상태로
되돌릴 수 있다. 가열과 냉각을 반복
할 때마다 녹았다 굳었다를 반복하

> 에너지를 가하면 입자들 사이의
> 결합을 끊을 수 있다. ⚗

는 것이다. 따라서 미시적인 관점에서 봤을 때 알부민의 응고를 유발
하는 것과는 다른 성질의 결합이 이루어졌음을 알 수 있는데, 이러한
상태의 젤을 두고 '물리적 젤'이라고 말한다.

　물질의 상태를 유지하려는 응집 에너지와 그 상태를 불안정하게 만
들려는 열에너지는 서로 경쟁 관계에 있다. 자석 2개가 서로 달라붙어
있는 모습을 머릿속에 떠올려보자. 이때 두 자석은 서로 다른 극끼리
끌어당기고 있는 상태지만(응집 에너지), 우
리가 충분히 강한 힘을 가하면(열에너지) 자
석들을 떼어놓을 수 있다. 마찬가지로 물질
에 에너지를 가하면 그 물질을 이루고 있는
입자들 사이의 결합(자석의 경우는 자기력에 의
한 결합)을 끊어서 입자들을 독립적인 상태

로 만들 수 있으며, 잼이나 젤리에 일정 온도 이상의 열을 가했을 때 물처럼 변하는 것은 바로 그런 이유 때문이다.

실온의 소금은 얼어 있는 상태

고체는 겉으로는 아무 변화가 없는 것처럼 보이지만, 사실 고체를 이루는 입자들은 움직이고 있다. 액체나 기체에서처럼 이동하지는 않아도 진동의 형태로 움직이는 것이다. 그리고 고체에 열을 가하면 그 진동의 폭은 더 커진다. 입자들이 서로 스프링으로 연결되어 있다고 상상하면 되는데, 이때 스프링의 길이와 뻣뻣한 정도(힘)는 고체 전체적으로 일정하게 정해져 있다. 입자들의 결합 에너지(다시 말해 결합의 '강도' 혹은 스프링의 힘)가 클수록 입자들을 진동시키기 위한 열에너지도 당연히 더 많이 필요하다.

고체의 입자들은 열역학적으로 가장 낮은 온도('절대 영도'라고 불리는 −273.15℃)에서만 움직이지 않을 뿐, 그 온도보다 높으면 진동을 시작한다(여러분이 냉장고에 넣어둔 프라이드치킨도 지금 진동하고 있다). 온도가 올라갈수록 입자의 열운동은 커지며, 이 열운동

부엌의 화학자

이 지나치게 커지면 결합이 끊어지면서 질서가 흐트러진다. 액체 상태가 되면서 고체가 녹는 것이다. 반대로, 액체가 냉각되면 입자들이 자기 자리로 돌아가고 스프링도 제 위치를 되찾는다. 고체가 된다는 얘기다.

그런데 고체는 각기 구조가 다르기 때문에(스프링의 위치와 힘, 구성 분자의 성질) 녹는 온도도 고체마다 다르다. 예를 들어 얼음은 0℃에서 녹지만 사카로오스, 즉 설탕은 약 160~186℃에서 녹는다. 염화나트륨, 즉 소금은 약 800℃에서 녹고, 질소는 -210℃에서 녹고, 순수 알코올(에탄올)은 -114℃에서 녹는다. 우리가 실온에서 보는 소금은 말하자면 얼어 있는 상태인 것이다! 따라서 '얼다'라는 표현보다는 '고체가 되다'라는 표현이 더 정확하다고 할 수 있다.

온도와 압력은 반비례 관계

간단히 말해 압력은 온도와 반대되는 역할을 한다. 가령 어떤 기체를 압력을 계속 올리면서 압축한다고 생각해보자. 이때 기체의 입자들은 서로 가까워질 수밖에 없다. 따라서 점점 더 서로 아는 상태가 되며, 임계 압력에 이르면 액체로 바뀐다. 입자들이 서로 아는 상태에서 돌아다니는 것이다.

　액체를 다시 압축하면 입자들 사이의 공간이 더 좁아지고, 그러다 입자들이 더 이상 움직이지 못할 만큼 좁아지면 고체로 바뀌기에 이른다. 물질마다 녹는점이 다른 것처럼 상태 변화가 일어나는 임계 압력 역시 물질마다 차이가 있다.

　잼과 같은 펙틴 성분의 젤에서는 자석 2개가 서로 달라붙어 있는 경우와 동일한 현상이 일어난다. 온도를 낮추면 분자들이 서로를 끌어당기면서 결합해 한 덩어리가 되었다가, 열을 가하면 분자들이 진동 운동을 하면서 그 결합이 풀어지는 것이다. 액체 상태로 되돌릴 수 없는

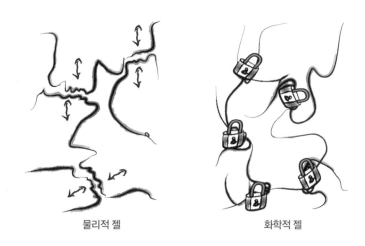

물리적 젤　　　　　　　　　　화학적 젤

부엌의 화학자

화학적 젤(달걀흰자, 단백질 등)과 열을 이용해 액체로 되돌릴 수 있는 물리적 젤(펙틴, 젤라틴 등)의 주된 차이가 바로 그 점에 있다.

물론 펙틴의 경우에 분자들 사이에 작용하는 힘은 자기력과는 다르다. 펙틴 분자들은 일부 지점에서는 서로 다른 전하를 띠기 때문에 서로를 끌어당기고, 또 일부 지점에서는 같은 친화성(친수성이거나 친유성이거나)을 띠기 때문에 서로 가까워진다. 사람에 빗대어 말하자면, 다른 성별끼리 끌리거나 비슷한 성격끼리 친해지는 현상으로 설명할 수 있을 것이다.

그런데 주의할 점이 있다. 성분 표시에 'E440 펙틴'이라고 나와 있다고 해서 단 한 가지 화학식에 대응되는 펙틴이 들어 있다고 생각하면 안 된다. 소금은 항상 'NaCl'이라는 화학식에 대응되는 것과는 달리, 펙틴이라고 하면 여러 계열의 고분자를 가리키기 때문이다. 그리고 이 고분자는 단당류 분자 여러 개가 서로 결합해(중합) 만들어진 다당류에 속한다.

펙틴은 계열마다 그 길이와 공간적 구조에 따라 다양한 화학적·기계적 속성을 띤다. 그래서 펙틴을 이용한 젤 역시 어떤 계열의 펙틴을 사용했는가에 따라 열을 견디는 성질과 탄성, 칼슘이나 수소이온(산), 당분 등에 대한 반응성에서 차이를 보인다.

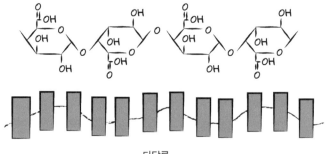

다당류

펙틴 사슬에서 카르복시기(−COOH)라는 산성기는 유리된 상태로 존재할 수도 있고, 메톡실기(−OCH₃)나 아미드기(−ONH₂)로 변환될 수도 있다. 이 세 작용기, 즉 카르복시기와 메톡실기, 아미드기의 양에 따라 펙틴의 물리화학적 속성이 달라지며, 그 중 어느 것이 많은가에 따라 각각 '저메톡실 펙틴' '고메톡실 펙틴' '아미드 펙틴'이라고 부른다. 따라서 글레이즈glaze(과자에 윤기를 내고 표면이 마르지 않도록 바르는 것*)나 소스, 젤리 가운데 어떤 것을 만들지에 따라 펙틴도 다른 종류를 써야 한다.

부엌의 화학자

어떤 펙틴을 쓸까?

시중에서는 주로 세 종류의 펙틴을 구할 수 있는데, 그 속성을 알고 용도에 맞게 구분해서 쓰는 게 좋다.

- 고메톡실 펙틴은 당분과 산이 많은 환경에서 젤화한다. 단단한 젤을 만들어주며, 잼에 쓰기에 특히 적합하다. 실제로 '잼용 설탕'에 많이 들어 있다.
- 저메톡실 펙틴은 부드러운 젤을 만들어준다. 약간만 사용하면 국물이나 즙을 걸쭉하게 만들면서 결착력이 생기게 해준다. 글레이즈에 쓰기 특히 적합한데, 가령 제과점 진열대에서 반짝거리며 광택을 내는 파이들은 설탕 시럽과 저메톡실 펙틴의 혼합물을 표면에 바른 것이다.
- 아미드 펙틴은 저메톡실 펙틴과 비슷하지만 화학적 변화를 통해 칼슘에 더 많이 반응하며, 이로써 더 단단한 젤을 만들어준다. 판나코타^{panna cotta}(생크림과 우유로 만든 푸딩*), 우유 젤리, 커스터드푸딩 등 우유나 크림을 주성분으로 하는 젤에서 볼 수 있다.

과학적으로 증명된 할머니들의 요리 비법

● 　　　　　　　종종 사람들은 분자요리의 목적이 근거 없는 비법으로부터 요리를 해방시켜주는 것이라고 말한다. 이 말은 맞는 얘기다. 뒤에서 마요네즈에 관해 이야기할 때 살펴보겠지만, 요리에 쓰이는 비법들 중에는 실제로 근거가 없는 것이 많다. 하지만 이제 살펴볼 비법들처럼 과학적으로 증명된 것도 간혹 존재한다.

> 잼을 만들 때는 과일을 설탕에 몇 시간 재워두는 게 좋다. 🧪

예전에 할머니들은 삼투 현상이나 수소이온농도 지수가 무엇인지 몰라도 훌륭한 요리를 만들어냈다. 경험을 통해 직관적인 방식으로 그 요소들을 다룰 줄 알았던 것이다. 잘 알려진 다음 두 가지 비법이 바로 그 예에 해당한다.

· 잼을 맛있게 만들고 싶다면 과일을 설탕에 몇 시간 재워두는 게 좋다. 이 비법은 사실이다! 과일을 설탕에 재워두면 즙이 나오면서 설탕이 녹게 되는데, 이때 삼투 현상에 의해 과일과 즙 사이의 수분 및 당분의 농도가 균형을 이루게 된다. 그 결과 과일과 설탕의 맛이 조화롭게 섞이면서 더 맛있는 잼이 만들어진다. 대신 그 같은 삼투 현상은 속도가 느리며, 따라서 시간이 많이 걸린다는

부엌의 화학자

점을 염두에 두어야 한다. 비슷한 원리로, 과일로 설탕절임을 만들 때 역시 농도의 균형을 잘 맞추어야 한다. 가령 농도가 너무 진한 설탕 시럽에 과일을 담가두면 시럽의 당분을 녹이기 위해 과일에서 물이 과하게 나오게 된다. 과일의 수분이 빠져 '쪼그라드는' 것이다. 반대로, 농도가 너무 묽은 설탕 시럽에 과일을 담가두면 과일이 숙성되는 과정에서 분해돼버린다. 설탕절임도 잼도 아닌 어중간한 질감이 된다.

따라서 과일에 함유된 당분의 양을 측정해서 설탕 시럽의 농도를 거기에 맞게 조절하는 게 중요하다. 과일의 형태를 살린 프리저브preserve(냉장, 냉동, 염장, 절임 등 식재료를 오래 저장할 수 있도록 가공하는 것으로, 과일로 만드는 대표적인 프리저브로 잼이 있다*)를 만들 때도 과일을 일단 설탕에 재워뒀다가 하면 과일이 더 잘 익고 형태도 잘 유지된다.

삼투 현상이란

삼투란 화학적 성분이 다른 두 액체가 반투막을 경계로 분리되어 있을 때 두 액체 사이에서 일어나는 확산 현상이다. 이때 막을 경계로 양쪽의 농도가 같아지면 두 액체는 안정된 상태에 이른다.

　크기가 충분히 작은 분자나 이온은 막의 구멍을 통과할 수 있고, 따라서 삼투에 의해 확산될 수 있다. 과일 설탕절임을 만들 경우, 설탕 시럽의 당분 농도가 과일이 자연적으로 함유하고 있는 당분 농도보다 높아야 맛있는 설탕절임을 만들 수 있는 삼투 현상이 일어난다.

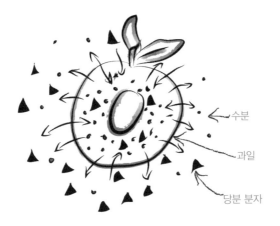

설탕절임과 삼투 현상
당분 분자들(삼각형으로 표시된 것)은 과육 속으로 이동하는 반면,
수분(작은 점으로 표시된 것)은 과일 밖으로 이동한다.

　설탕 시럽이 과일보다 당분 농도가 높으면 한편으로는 과일에서 수분이 빠져나와 시럽의 당분을 녹이고, 다른 한편으로는 시

부엌의 화학자

럽의 당분이 과일 속으로 들어간다. 따라서 결과적으로 과일 껍질을 경계로 한 양쪽 농도가 균형 상태에 이르게 된다.

바닷물로 민물을 만드는 기술도 삼투 현상을 이용하는 것인데, 이때는 막을 통해 염분의 농도를 조절한다.

- 베리류 과일(라즈베리, 블랙커런트, 레드커런트 등)로 젤리를 만들 때 레몬즙을 넣으면 젤리가 잘 굳는다. 이 비법 역시 사실이다! 젤리를 만들어주는 펙틴은 과일에 자연적으로 들어 있는 것이든 '잼용 설탕'에 들어 있는 것이든 간에 당분의 농도와 산에 민감하다. 실제로 펙틴 분자는 산성 환경에 놓이면 전하가 중화되는데, 그 결과 펙틴 사슬은 서로를 밀어내지 않게 된다.

따라서 서로 쉽게 얽히면서 그물 구조를 형성해 젤리를 만들어준다. 그래서 젤리를 만들 때 레몬즙(pH 2~2.5)을 넣으면 펙틴의 그물화 현상을 도와줄 수 있다. 그런데 베리류 과일에 든 안토시안이라는 색소 또한 산도에 아주 민감하다. pH가 7보다 낮은 산성 환경에서는 선명한 붉은색을 띠지만, pH가 7보다 높은 염기성 환경에서는 검푸른색으로 바뀌는 식이다. 따라서 라즈베리나 레드커런트로 젤리를 만들 때 레몬즙을 넣으면 붉은색이 선명해져서 더 먹음직스럽게 보인다. 레몬즙이 젤리도 잘 굳게 하고 색도 좋아보이게 하는 일석이조의 효과를 발휘하는 것이다!

pH와 블루베리

pH가 과일즙의 색깔에 미치는 영향을 알아보려면 레몬즙이나 식초를 몇 방울 떨어뜨려보거나 탄산수소나트륨(베이킹파우더)을 약간 넣어보면 된다. 그리고 실험 결과물을 먹지 않는 등 몇 가지 주의사항을 지킨다면 더 강한 산과 수산화나트륨(가성소다)으로 실험할 수도 있다. 이때 과일즙은 pH의 정도에 따라 붉은색과 검푸른색 사이를 오간다. 붉은 양배추도 이러한 속성을 지니고 있으며, 따라서 pH에 따라 다양한 색깔(붉은색, 분홍색, 보라색, 푸른색, 초록색, 노란색)로 변하는 것을 관찰할 수 있다. 양배추를 원심분리해서 추출한 즙으로 다양한 색을 만들어보면 재밌는 실험이 된다.

블루베리를 이용한 실험도 흥미롭다. 블루베리에 약간의 물과 탄산수소나트륨을 넣고 섞은 다음에 즙을 걸러서 유리컵에 담고,

부엌의 화학자

그 즙에 레몬즙을 넣고 관찰하는 것이다. 이때 레몬즙의 산은 탄산수소나트륨의 염기와 중화 반응을 일으키며, 그 결과 탄산가스가 발생한다. 그리고 그 탄산가스로 인해 생긴 거품은 색이 변하게 된다. 처음에 염기성 환경에서는 검푸른색을 띠던 안토시안 색소가 산성 환경에서 붉은색으로 바뀌기 때문이다.

상상력을 좀 더 발휘하자면, 블랙 포레스트 케이크(초콜릿 케이크와 생크림, 체리를 켜켜이 쌓아 만드는 케이크*)를 거품이 나는 레드 포레스트 케이크로 변신시킬 수도 있다!(컬러화보의 사진27 참조)

고기로 만든 젤리를 아시나요?

●   나는 아스픽을 보면 언제나 난처하고 불안한 기분이 들었다. 반으로 자른 삶은 달걀, 완두콩, 당근 등 아스픽에 들어간 재료들이 반투명한 젤리 덩어리에 갇혀 있는 것처럼 보이기 때문이다. 그 재료들은 물론 생명이 없는 상태지만 그 안에서 답답해하는 것처럼 느껴진다. 합성수지를 입혀 유리 형태로 만들어놓은 꽃처럼 말이다. 그 같은 아스픽의 모습은 예전이나 요즘이나 거의 비

식물의 세계, 특히 해조류의 세계로
눈을 돌리면 새로운 질감의 젤을 만
들 수 있다! △

숫하고, 접시 가장자리에 둥글게 썬 토마토를 놓고 마요네즈와 파슬리를 곁들여 담아내는 방식도 늘 비슷해서 그 요리를 보면 옛날 생각이 떠오른다. 어쨌든 아스픽은 동물성 젤라틴으로 만드는 음식인데, 젤라틴을 과하게 쓸 경우에는 불투명하면서 부서지기 쉬운 상태가 된다. 재료들이 빠져나가지 못하게 만드는 확실한 방법이기는 하지만.

재료 1리터에 젤라틴 8장, 9장, 10장…. 요리 초보자들은 아스픽을 만들 때든, 바바루아bavarois(거품 낸 크림에 과일 퓌레와 달걀, 젤라틴 등을 넣어 만든 디저트*)나 무스 같은 제과류를 만들 때든 젤라틴을 과하게 넣는 경우가 많다. 젤리 모양이 안 잡힐지도 모른다는 걱정에 확실히 해두는 차원에서 젤라틴을 더 넣고 보는 것이다. 하지만 젤라틴의 농도가 너무 진하면 맛 분자들이 우리 감각기관의 수용체로 이동하고 확산하기 어려워지기 때문에 젤리가 맛이 없어진다. 게다가 불투명해지는 탓에 내용물이 잘 안 보여서 맛있어 보이지 않고 입에서 녹는 게 아니라 부스러진다. 젤라틴을 쓰는 경우에 따뜻한 젤리 요리를 만들기는 불가능하다. 젤라틴으로 만든 젤은 약 40℃에서 녹기 때문이다.

하지만 다행스럽게도 천연 젤화제의 기능을 하는 분자들은 식물에도 많이 존재한다. 게다가 이 분자들은 종류에 따라 열역학적·기계적으로 매우 다양한 속성을 보여준다. 따라서 소나 돼지, 닭의 껍질이나

힘줄에서 얻는 콜라겐과는 이별해도 좋다. 식물의 세계, 특히 해조류
의 세계로 눈을 돌리면 새로운 질감의 젤을 따뜻하게도 차갑게도 만들
어낼 수 있다!

맛의 화학

우리가 맛을 느끼는 것은 맛을 내는 분자가 우리 감각기관의 화
학 수용체에 달라붙으면 수용체가 그 정보를 전기신호로 바꾸어
뇌까지 전달하기 때문이다. 뇌는 그렇게 전달받은 자극을 이미지
와 감정, 감각의 형태로 기록한다. 맛을 느끼는 수용체는 혀에 미
뢰味蕾라는 세포 조직의 형태로 존재하며, 입천장과 뺨의 안쪽 벽,
목구멍 안쪽에도 자리해 있다. 게다가 역후각retro-olfaction, 즉 향
을 내는 분자가 코로 바로 들어가는 게 아니라 입으로 들어가 목
구멍을 통해 코로 전달되면서 느끼는 감각도 맛을 보는 상황에서
매우 중요한 역할을 한다. 그래서 후각과 미각은 불가분의 관계
에 있다고 말하는 것이다.

그리고 이러한 화학적 · 전기적 자극 외에 질감이라는 요소도

맛에 영향을 준다. 예를 들어 재료 1리터당 젤라틴 10장을 넣어 만든 매우 단단한 젤리는 1리터당 젤라틴 6장을 넣어 만든 젤리와는 맛이 다르다. 젤 상태의 음식은 단단할수록 맛이 떨어지는데, 왜냐하면 맛 분자가 그 안에 갇혀서 우리 수용체에 잘 전달되지 못하기 때문이다. 하지만 젤리를 만들 때 사람들은 맛을 감안하지 않고 형태부터 신경 쓰는 경우가 많다. 모양내기 쉽고 자르기도 쉽다는 이유로 젤라틴을 과하게 쓰는 것이다. 보기에는 좋겠지만 맛이 없는데 말이다.

반대로, 젤의 구조가 부드러우면 맛 분자의 확산이 더 쉬워진다. 이처럼 질감이 맛에 미치는 영향은 다른 조리법에서도 찾아볼 수 있다. 예를 들어 고기나 생선을 미리 재워두는 마리네이드를 할 경우 소 앞다리살은 닭 가슴살에 비해 향미가 안쪽까지 잘 배지 않는데, 그 이유는 고기를 이루는 섬유질(콜라겐, 근원섬유)의 공간적 배열과 길이가 서로 달라서 향을 내는 분자의 확산이 상대적으로 더 어렵거나 쉽기 때문이다.

이 문제와 관련해 우리는 마리네이드를 지속적인 진공 상태에서 진행하는 방법을 실험했다. 마리네이드 용액에 재료를 담근 뒤 그 전체를 밀폐된 솥에 넣고, 솥 내부의 공기를 펌프로 계속 빼내면서 진공 상태를 만들어주는 실험이다.

이때 마리네이드 용액은 재료(육류, 생선, 과일, 채소)의 섬유질과 조직 속으로 이동할 수밖에 없는 상황에 놓인다. 따라서 육류의 경우 권장되는 마리네이드 시간은 보통 24~48시간이지만, 진공 상태를 이용하면 30분 만에 속까지 향미가 배어든다.

이 새로운 마리네이드 방법은 빠르고 효과적이다. 그리고 조리법이 몇 시간씩 걸릴 때 따르기 마련인 세균학적 위험도 크게 낮추어준다.

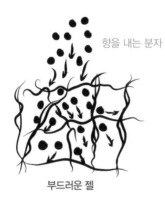

향을 내는 분자

부드러운 젤

그물화가 심한 단단한 젤

마리네이드를 할 때 향을 내는 분자들이 확산되는 모습

해조류 젤화제에서 얻는 이점들

●   식물성 젤화제를 이용해 음식의 질감을 변화시키는 것은 새로운 방법이라 하더라도 그 물질 자체는 사실 예전부터 존재했다. 그러므로 식물성 젤화제는 '최근에 개발된'이라는 의미에서의 '분자적'이라는 표현과는 아무 상관이 없다. 그런 의미에서 두 가지 사실, 즉 식물성 젤화제가 최근에야 시중에 나온 점과 '분자요리용'이라는 상표를 달고 판매되고 있는 점은 유감스러운 일이다. 실제로 식물성 젤화제는 아주 오래 전부터 식품에 사용되었다. 특히 일부 국가의 사람들은 식물성 젤화제를 혁신적인 물질로 취급하는 모습을 보면 비웃을 수도 있을 것이다.

아시아에서는 수세기 전부터 한천(우뭇가사리)이 알려져 있었다. 그리고 아일랜드에서는 17세기부터 카라기난이 사용되었다. 아일랜드 사람들은 바닷가에서 딴 아이리시 모스Irish moss라는 홍조류를 우유에 넣고 끓인 뒤 식혀서 우유 젤리를 만들었는데, 바로 그 홍조류에 카라기난이 들어 있었던 것이다. 오늘날 카라기난은 식품첨가물 'E407'로 불리면서 우유로 만드는 거의 모든 디저트에 들어간다.

어떤 사람들은 카라기난을 두고 '식물성 젤라틴'이라고 부르는데, 이는 잘못된 명칭이긴 하지만 그만큼 카라기난으로 만든 젤은 젤라틴(동물성)과 아주 비슷한 성질을 지니고 있다. 탄력적이고, 유연하고, 열

카라기난(E407)의 원료가 되는 홍조류

에 약한 성질이 그것이다. 또한 카라기난을 이루는 분자들은 칼슘을 만나면 젤을 만들어내는 힘이 커지며, 그래서 우유를 주성분으로 하는 요리에 많이 사용된다. 카라기난과 칼슘이 빚어내는 '시너지'를 이용하면 요리를 젤 상태로 만들기 위해 넣는 카라기난의 양도 줄일 수 있다. 일반적으로 카라기난은 요리 전체 질량의 0.1~0.5%를 넣는다. 질량의 2~3%를 넣는 젤라틴과 비교하면 정말 적은 양이다! 그런데 이 말은 카라키난을 쓸 때는 무게를 소수 둘째짜리까지 계량할 수 있는 정밀 저울이 필요하다는 뜻이기도 하다. 제과제빵은 정확한 계량이 필수이지만, 보통 요리는 손대중으로 대충 계량해도 된다는 식의 차이가 더 이상 안 통하는 것이다.

카라기난처럼 강력한 젤화제를 쓸 때는 어떤 요리를 하든 똑같이 정확하고 정밀해야 하며, 조금의 실수도 하면 안 된다. 젤리의 모양을 잡아주는 힘이 좀 모자라다 싶다가도 한순간에 자동차 타이어처럼 단단해질 수 있기 때문이다! 그리고 카라기난을 쓰는 양은 당분과 염분, 칼슘, 유분의 농도에 따라서도 차이를 두어야 한다.

주재료가 바뀌면 젤화제를 쓰는 법도 바뀐다. 그러므로 젤화제의 양을 재료와 상관없이 1그램 단위로 일정하게 제시해둔 요리책은 주의할 필요가 있다. 그런 레시피를 따라한 결과물은 보기에는 좋아도 먹어보면 실망스러울 때가 많은데, 그 이유는 젤화가 지나치게 이루어졌기 때문이다. 레시피가 재료와 맞지 않았다는 뜻이다.

하지만 양을 얼마나 쓰느냐의 문제만 일단 해결하면 식물성 젤화제를 이용해 다양한 질감을 자유롭게 만들어볼 수 있다. 젤라틴만 쓰는 방법으로는 만들 수 없는 새로운 질감을 포함해서 말이다.

해조류에서 추출한 젤화제가 젤라틴에 비해 지닌 장점은 양을 적게 써도 된다는 것 외에도 많다. 대부분이 칼로리가 없다는 것, 식물성이기 때문에 종교적 · 철학적 이유로 동물성 식품을 피하는 사람도 먹을 수 있다는 것, 60℃가 넘어가도 젤 상태가 유지된다는 것(알긴산염과 한천의 경우) 등이 그것이다.

씹어 먹는 칵테일

아페리티프[aperitif](식욕을 돋우기 위해 식전에 마시는 술*)로 마시는 칵테일을 꼭 땅콩이나 올리브 같은 안주와 내놓을 게 아니라 칵테일 자체를 씹어 먹을 수 있게 하면 어떨까? 지나치게 시거나 알코올 농도가 너무 높은 칵테일만 아니라면 한천을 이용해 칵테일을 젤리처럼 만들 수 있다.

예를 들어 세 가지 리큐어를 층층이 쌓아 만드는 B52 칵테일('B52'라는 이름은 미국의 폭격기 이름을 딴 것이다.*)을 큐브 형태로 만들어보자(컬러화보의 사진17 참조).

- 트리플 섹[triple sec](오렌지 향이 나는 리큐어. 칵테일과 요리에 단맛과 향을 내는 재료로 쓰인다.*)과 위스키 크림 리큐어, 커피 리큐어를 각각 그 질량의 약 0.5%에 해당하는 한천과 함께 끓인다.
- 세 가지 리큐어 용액을 높이가 1센티미터인 직사각형 모양의 틀에 각각 붓고 차게 식힌다.
- 리큐어 용액이 젤리처럼 굳으면 틀에서 분리한 다음, 한 변이 1센티미터인 정육면체 모양으로 잘라준다. 세 가지 젤리를 번갈아 쌓으면서 큐브 형태를 만든다.

- 완성된 큐브 칵테일을 손님에게 내놓을 때는 따뜻한 트리플 섹을 약간 뿌려 플람베를 해준다. 이때 시나몬 가루를 뿌리면 작은 불티를 만들 수도 있다. 플람베를 하면 시각적인 효과도 물론 좋지만, 불꽃의 열기에 의해 젤리의 질감이 부드러워진다.

한천을 이용하면 재밌는 요리가 탄생한다

• 　　　　　　한천을 이용하면 아스픽보다 더 재밌고 눈길을 끄는 음식을 만들 수 있다. 녹색 채소로 만든 초록색 스파게티 면, 토마토로 만든 붉은색 스파게티 면, 기다란 끈처럼 생긴 소스, 색다른 형태의 애피타이저, 과일로 만든 나선 모양 파스타 등 여러 가지 맛의 음식들을 다양한 모양으로 만

> 아무 형태도 없는 걸쭉한 당근 퓌레보다는 튜브에 넣고 짜먹는 반짝이는 오렌지색 당근 젤리가 더 예쁘고 재밌다! 🧪

들어낼 수 있는 것이다. 이 방법을 쓰면 아이들에게 채소를 먹이기도 쉽다. 아이가 보기에 아무 형태도 없는 걸쭉한 당근 퓌레^{purée}(과일이나

채소, 고기를 갈아서 체로 걸러 걸쭉하게 만든 음식*)보다는 튜브에 넣고 짜먹는 반짝이는 오렌지색 당근 젤리가 당연히 더 예쁘고 재밌을 테니까!

토마토로 만드는 스파게티 면

- 토마토즙 140그램에 소금 간을 한 뒤 한천 1그램을 넣고 섞는다. 빠르게 저으면서 1분간 끓인다.
- 바늘구멍이 큰 조리용 주사기와 지름이 6~7밀리미터 정도 되는 플라스틱 빨대를 준비한 다음, 주사기 끝에 빨대를 연결한다. 아직 따뜻한 상태인 토마토 용액에 빨대를 꽂고, 주사기를 잡아당겨서 용액을 빨대 안으로 빨아올린다. 이때 용액이 주사기 안까지는 들어오지 않게 해야 한다. 빨대가 용액으로 채워지면 주사기를 떼고, 빨대 양끝을 손가락으로 막는다(용액이 흘러나오지 않게 주의하자).
- 토마토 용액이 든 빨대를 차게 식힌다. 용액이 굳으면 주사기에 공기(또는 물)를 채워 빨대 끝에 연결한 다음 내용물을 밀어낸다. 그러면 완성된 토마토 스파게티 면이 빨대에서 조금씩 빠져

나오는데, 용액이 완전히 굳기 전에 빼내면 끊어질 수도 있다.

- 활용 아이디어: 스파게티 면을 작은 스프링 모양으로 말아서 애피타이저용 스푼에 놓는다. 가운데에 발사믹 식초를 약간 뿌린 뒤, 작은 공 모양의 모차렐라치즈를 올린다. 마지막으로 바질 잎을 몇 장 올리고 올리브 오일과 소금을 약간 뿌리면 '분자요리식 토마토 모차렐라치즈 샐러드'가 완성된다!

(민트를 이용해서 초록색 스파게티 면을 만들 수도 있다. 컬러화보의 사진9 참조.)

식품첨가물의 친환경 버전인 해조류

●   식품가공에 관련된 논쟁이 늘어나고 친환경 에너지의 중요성이 부각되면서, 이제 사람들은 자신이 먹고 쓰는 것에 대해 점점 더 많은 관심을 기울이게 되었다. 각종 친환경 제

품, 폐지를 재활용한 재생 종이 마케팅, 도시인을 위한 주말 텃밭이 유행하는 것도 같은 맥락이다. 그래서 이러한 유행을 이용해 도시 사람들에게 자신의 시골땅을 파는 이들도 등장했다. 정작 자신은 도시에서 대형 디젤차를 굴리고 다니면서 말이다.

그렇다면 이 장의 주제를 감안할 때 친환경 E406 같은 식품첨가물을 내놓는 생각도 엉뚱한 발상은 아닐 것이다. 아니, 오히려 흥미로운 제안이라고 할 수 있다. 실제로 해조류는 친환경 인증 기준에 맞게 양식할 수 있기 때문이다. 예를 들어 E406으로 불리는 한천과 E407로 불리는 카라기난, E401에서 E404로 불리는 알긴산염 계열 식품첨가물의 친환경 버전을 만들어보는 것이다.

물론 그렇다고 해서 식품첨가물 번호에서 'E'가 '친환경적이지 못한 (따라서 화학적이고 유해한)' 물질을 뜻한다는 얘기는 아니다. 여기서 E는 '유럽Europe'의 머리글자로, 유럽연합이 식품첨가물을 식별하기 위해 부여한 기호를 뜻한다. 그리고 '첨가물'이라는 단어 역시 화학적이거나 유해한 물질이라는 뜻이 아니라, 말 그대로 '보태어 넣는 재료'라는 뜻이다. 가령 우리가 안심하고 먹는 밀가루의 주성분인 녹말도 E1400이라는 번호를 가지고 있다.

그런데 포장지에 E1400보다는 '녹말'이라고 표기하면 소비자 입장에서 알아보기 쉬워서 더 잘 팔리지 않을까? 마찬가지로 E406보다는 '한천 분말'이라고 써놓는 게 더 좋을 테고…. 더구나 식품첨가물을 번호로만 표기할 경우 제조업자가 일부 사실을 정확히 밝히지 않고 넘어가게 된다는 문제도 있다. 예를 들어 'E1400'이라고만 표기하면 그것이 '변형 녹말', 즉 화학적으로 변형된 녹말이라는 사실은 드러나지 않는다. 따라서 한천으로 만든 E406보다는 훨씬 덜 자연적인 첨가물이라는 사실도 드러나지 않는다.

소비자는 식품첨가물과 관련해 화학, 유독성, 위험성, 합성, 자연, 인공 등의 개념들을 알고 있어야 하며, 필요한 경우 당연히 문제 제기도 해야 한다. 그 개념들이 서로 섞일 수 있고 비슷할 때도 있어서 때로는 뚜렷이 구별하기 어렵다는 점은 충분히 인정하지만 말이다.

맑고 투명한 구슬이 요리라고?

●   앞에서 언급한 여러 종류의 젤화제 물질은 열역학적 · 기계적으로 매우 다양한 속성을 지니고 있다. 가령 달걀흰자는 응고할 경우 불가역적인 화학적 젤이 되는 반면, 한천과 카라기난, 동물성 젤라틴은 가역적인 성질의 물리적 젤을 만들어준다. 그리고 펙틴 성분의 젤은 물리적 젤로 분류되지만 그 속성은 용액의 화학적 성질에 좌우된다(고메톡실 펙틴 젤은 산성 환경에서 단단해지고, 아미드 펙틴 젤은 칼슘을 만났을 때 단단해진다).

          부엌의 화학자

우리가 살펴볼 젤화제 물질은 이제 한 계열이 남아 있는데, 그것은 바로 알긴산염이다. 알긴산염으로 만든 젤은 화학적 젤에 속한다. 따라서 일단 젤 상태가 되면 열역학적으로 불가역적인 안정된 성질을 띠며, 과도한 열을 가할 경우 젤 조직이 녹는 게 아니라 부스러진다. 알긴산염을 이용해 재료를 구슬 형태로 만드는 조리법, 이른바 구체화^球體化는 페란 아드리아를 포함한 분자요리 셰프들이 세계적인 명성을 얻는 데 기여한 기술이다. 사실 이 기술은 의약품의 유효성분을 캡슐에 담는 방법으로 이미 쓰이고 있었다. 그런데 페란 아드리아가 그 기술을 요리 분야로 가져오면서 생선알 같은 생김새에 액체 재료가 그 안에 들어 있는 구슬 요리로 풀어낸 것이다. 알긴산 구슬은 액체 질소, 한천 스파게티와 더불어 요즘에도 여전히 분자요리를 대표하는 이미지로 남아 있다(컬러화보의 사진11, 사진14 참조).

알긴산염은 펙틴과 마찬가지로 단당류가 중합된 구조의 다당류에 속한다. 해조류의 골격을 이룬다는 점에서 육상식물의 셀룰로오스에 대응되는 해양식물 성분이라고 할 수 있다. 알긴산염이 많이 함유된 해조류는 다시마 같은 갈조류로, 그 함유량은 건조 추출물의 40%에 이른다. 이 같은 갈조류는 일상생활의 많은 분야에서 활용된다. 화장품의 점도 조절, 의약품의 유효성분 확산, 피부병에 쓰는 '액상' 반창고, 치아 모형, 프린터 잉크 안정화 등에 널리 쓰인다. 그리고 식품가공업계에서는 알긴산염(알긴산나트륨, 알긴산칼륨 등)의 형태로 쓰이면서

우유 성분의 디저트나 음료에 주로 들어가는 점증제나 젤화제 계열의
식품첨가물 E401~E404로 분류되고 있다. 요리에 알긴산염을 쓸 때는
공급업체를 잘 고르는 것이 중요하다. 원료의 순도와 분말 제조 기술
이 신뢰할 만한 수준이어야 하고, 어떤 해조류를 쓰느냐에 따라 달라
지는 젤화제로서의 성능도 매번 일정해야 하기 때문이다.

알긴산과 알긴산염

알긴산$^{alginic\ acid}$은 1880년에 처음 추출된 물질로, 글루론산^{guluronic}
^{acid}과 만누론산$^{mannuronic\ acid}$이라는 두 종류의 분자가 블록 형태
로 결합해 이루어진 중합체다. 두 단위체, 즉 글루론산(G)과 만누
론산(M)의 상대적 양과 공간적 배열(예: MMMGGGMMMGGG…,
GMGMMGMGGMGMMGMG…)은 해조류의 종류는 물론이고 채
취 장소와 계절에 따라서도 달라진다. 따라서 알긴산염의 물리화
학적 속성은 그만큼 매우 다양하게 나타난다. 가령 알긴산나트륨
은 칼슘 용액에서 젤화가 이루어진다. 양전하를 2개 지닌 칼슘이
온($Ca2^+$) 1개와 양전하를 1개만 지닌 나트륨이온(Na^+) 2개 사이에

부엌의 화학자

서 치환 반응이 일어나고, 그 결과 알긴산염 사슬 2개가 정전기적 상호작용에 의해 결합하면서 분자와 분자가 결합된 젤 구조가 만들어지는 것이다. 그런데 여기서 실제로 칼슘과 상호작용을 하는 것은 알긴산의 글루론산 블록이다. 따라서 글루론산 블록이 만누론산 블록에 비해 얼마나 많고 어떻게 분포되어 있는지가 젤의 단단한 정도를 결정한다. 그리고 이때 만들어지는 분자 구조는 이른바 '달걀판 구조'라고 불리는 형태를 취한다.

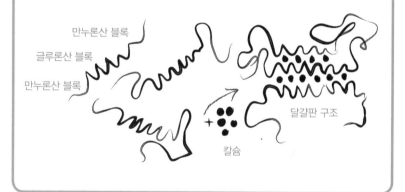

알긴산염으로 구슬 요리를 만들 때는 구슬로 만들고 싶은 액체 재료에 알긴산나트륨을 일단 녹인 다음, 그 용액을 칼슘 용액에 방울방울 떨어뜨리면 된다. 이때 칼슘 용액으로는 우유나 크림, 혹은 경도가 높은(칼슘과 마그네슘 성분이 풍부한) 물을 쓸 수도 있고, 젖산칼슘이나 염

화칼슘 같은 칼슘염을 녹인 용액을 쓸 수도 있다. 알긴산나트륨은 재료 질량의 0.7~0.8%, 칼슘염은 1~2%를 쓰는 게 일반적이다.

그런데 알긴산염은 화학적으로 알코올과 산에도 민감하다. 가령 알긴산염은 pH가 4보다 내려가면 알긴산을 형성하면서 저절로 젤로 변하기 때문에 칼슘염을 이용해 구슬을 만드는 작업이 불가능해진다. 이런 경우 구연산나트륨 같은 염기성 물질로 산을 중화시키면 pH가 올라가면서 알긴산염이 안정되지만, 이 방법을 쓰면 요리에 따라 꼭 필요한 맛일 수도 있는 톡 쏘는 신맛이 사라진다는 문제가 있다. 레몬즙 구슬에서 레몬의 신맛이 안 난다면 무슨 맛으로 먹겠는가! 바로 이런 제약 때문에 알긴산염은 요리에서 활용 범위가 좁은 편이다.

게다가 재료에 알긴산염을 섞어 칼슘 용액에 떨어뜨리는 '순방향 캡슐화' 방법으로는 커스터드 소스와 기타 유제품을 구슬로 만들기는 불가능하다. 유제품 자체에 풍부하게 든 칼슘이 알긴산염을 바로 침전시키기 때문이다. 이 문제를 해결하기 위해 개발된 방법으로 '역방향 캡슐화'라고 불리는 기술이 있다. 앞에서 말한 방법과 반대 방향으로, 즉 구슬로 만들 액체 재료에 칼슘을 녹여서 알긴산염 용액에 떨어뜨리는 것이다. 그러면 액체 재료 방울의 표면에서 젤화가 일어나면서 구슬이 만들어지는데, 이 구슬을 알긴산염 용액에 그대로 잠깐(30초에서 1분) 두었다가 꺼내서 깨끗한 물에 헹궈 여분의 알긴산염을 제거해주면 된다. 이 기술은 순방향 방법보다 까다롭기는 하지만, 구슬이 안쪽까지 아주 맑게 만들어질 뿐만 아니라 시간이 지나도 안정성을 유지한다는 장점이 있다. 이에 반해 순방향 방법을 쓰면 액체 재료에 알긴산염이 들어가는 까닭에 시간이 지날수록 구슬이 탁해지고 안정성을 잃게 된다. 구슬 표면의 칼슘이 안으로 스며들어 구슬 내부에서 젤화를 유발하는 경우가 많기 때문이다. 그 결과 구슬 요리의 특징이자 장점인 '입에서 톡 터지는' 재미는 크게 줄어든다.

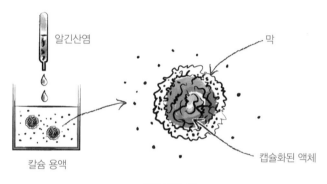

알긴산염

막

칼슘 용액

캡슐화된 액체

순방향 캡슐화

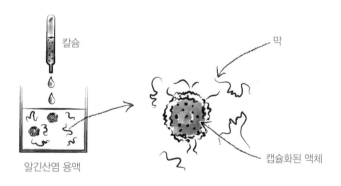

칼슘

막

알긴산염 용액

캡슐화된 액체

역방향 캡슐화

민트 시럽 구슬 (어린이용 레시피)

- 알긴산나트륨 0.8그램을 칼슘과 마그네슘 성분이 아주 적은 미지근한 미네랄워터 100밀리리터에 비를 뿌리듯이 뿌려준다. 알긴산나트륨에 설탕을 약간 섞어 뿌리면 더 쉽게 뿌릴 수 있다.
- 알긴산나트륨 용액을 잘 섞어 균질하게 만든다.
- 알긴산나트륨 용액에 기호에 따라 20~40밀리리터의 민트 시럽을 넣는다. 다른 용기에 젖산칼슘 2그램을 물 100밀리리터에 녹여 준비한다.
- 민트 시럽을 넣은 알긴산나트륨 용액을 피펫(주로 액체를 옮길 때 사용하는 가늘고 긴 유리관*)이나 주사기, 작은 숟가락을 이용해 젖산칼슘 용액에 방울방울 떨어뜨린다. 이때 피펫의 끝이 젖산칼슘 용액에 닿지 않도록 주의한다. 구슬이 만들어지면 거품 국자를 이용해서 떠낸 다음 깨끗한 물에 헹궈준다.

알긴산염 구슬을 잘 이용하면 보기도 좋고 맛도 좋으면서 먹는 재미까지 더해진 아페리티프나 칵테일을 만들 수 있다. 예를 들어 진토닉을 만들 때 토닉워터 구슬을 쓰면 자외선이나 스탠드바의 어두운 조명 아래에서 빛을 내는 구슬 칵테일이 만들어진다. 토닉워터에 함유된 퀴닌(키나나무 껍질에 함유된 알칼로이드 성분으로, 해열 · 진통 · 강장 · 말라리아 등에 효과가 있다.*)이라는 성분이 자외선이나 조명에 반응해 형광을 발하기 때문이다(컬러화보의 사진12 참조). 게다가 구슬 칵테일은 구슬이 입에서 터질 때마다 맛을 조금씩 음미

> 구슬 칵테일은 구슬이 입에서 터질 때마다 맛을 조금씩 음미하게 되는 효과가 있다. ⚗

하게 되는 효과도 있다. 구슬마다 다른 맛을 넣어주면 한 모금 먹을 때마다 맛이 달라지고, 입안에서 새로운 맛이 만들어지기도 하는 것이다.

또한 샴페인을 손님에게 내놓을 때도 입에서 씹어야 그 내용물이 드러나는 구슬 아페리티프를 내놓으면 그냥 마시는 음료와는 다른 느낌을 줄 수 있다. 키네틱 아트(작품이 움직이거나 움직이는 부분을 넣은 예술 작품. 관객이 작품을 움직여 외관을 변화시킬 수 있다.*)처럼 작품(요리)이 시간에 따라 달라지고, 관객(손님)이 배우가 되어 작품(요리)에 참여하는 셈이다.

요리 역학으로 진가를 발휘하는 레시피

●   보다 포괄적으로 얘기하자면, 앞에서 살펴본 여러 흥미로운 연구의 중심에는 '요리 역학culinary dynamics'이

라는 개념이 자리해 있다. 요즘 티에리 막스와 나는 손님이 보는 앞에서 질감에 변화를 일으키는 요리를 개발하기 위해 연구 중이며, 실제로 몇 가지 요리는 개발에 성공했다. 펙틴을 이용한 즉석 마멀레이드(손님의 접시에서 두 가지 액체를 섞어 잼의 질감을 즉석으로 만들어내는 것), 색깔이 변하는 라즈베리 무스(컬러화보의 사진27과 맺음말 참조), 손님 앞에서 순식간에 완성되는 마요네즈(이번에도 역시 두 가지 액체를 한 접시에 붓고 이 두 액체가 반응을 일으켜 마요네즈 질감을 만들어내는 것이다. 요리사는 아무것도 안 해도 된다!) 등. 이러한 연구에서는 무엇보다도 물리화학적 반응을 요리 레시피와 연관 짓는 게 중요하며, 따라서 그때 비로소 과학과 요리가 서로 힘을 합하는 작업이 그 진가를 제대로 발휘한다.

벨리니* 칵테일 구슬 (전문가용 레시피)

- 젖산칼슘 1그램을 복숭아 과육이나 과즙 100밀리리터에 넣고 녹인다. 완성된 복숭아 용액을 얼음틀에 붓고 얼린다.
- 앞에서 설명한 '민트 시럽 구슬' 레시피를 참고해 알긴산염 용

* 벨리니bellini는 샴페인 베이스에 복숭아 과육이나 과즙을 넣은 칵테일이다.

부엌의 화학자

액을 0.5% 농도로 만들어 준비한다. 복숭아 용액 얼음이 만들어지면 알긴산염 용액에 얼음을 넣는다. 1분 정도 기다리면 얼음 표면에 얇은 막이 생기면서 구슬이 만들어진다.

• 구슬을 조심스럽게 꺼낸 다음, 물에 담가서 표면에 있는 여분의 알긴산염을 제거한다. 완성된 구슬은 설탕을 약간 넣은 물이나 복숭아즙에 담가 보관한다.

• 손님에게 내놓을 때는 구슬을 샴페인 잔에 가득 담아내되, 구슬이 터지지 않도록 한두 알씩 미끄러지듯 조심스럽게 담는다. 이때 빨대를 같이 내놓으면 손님이 빨대로 구슬의 막을 터뜨려 과육을 빨아먹을 수 있다. 이 구슬 칵테일 레시피는 자신이 원하는 모든 칵테일에 적용할 수 있다.

컬러화보의 사진25를 보면 또 다른 버전의 벨리니 칵테일이 소개되어 있다. 이 버전은 액체 질소를 이용해서 복숭아 과육을 샴페인 셔벗 캡슐에 넣은 것이다.

캡슐화로 먹을 수 있는 포장재 만들기

●   캡슐화에 관한 우리 연구는 이제 조리법의 틀을 넘어 생분해성 포장재의 개념으로 발전하고 있다. 먹을 수 있는 것이든 없는 것이든 간에, 자연적으로 미생물에 의해 분해되는 성질을 지닌 포장재를 두고 하는 얘기다. 실제로 우리는 알긴산염 구슬을 최대한 크게 만드는 데 도전했고, 330밀리리터 크기까지 키우는 데 성공했다. 또 새로운 문제들이 제기되긴 했지만.

해조류 입자와 천연중합체를 이용한 포장재 연구의 목적은 이러한 방법을 쓰면 음식물을 짧은 시간 보관하는 경우 플라스틱이나 알루미늄 용기를 쓰지 않아도 되는지를 알아보는 데 있다. 가령 음료 자판기에서 식물성 캔에 담긴 음료수가 나온다고 상상해보자. 만약 그 캔에 맛이 첨가되어 있다면, 즉 오렌지 껍질로 만들었다거나, 초콜릿이 들었다거나, 코코넛 가루로 만들었다면 우리는 그 캔을 먹을 수도 있을 것이다. 아니면 먹지 않고 버리더라도 며칠 지나면 땅속에서 자연적으로 분해될 것이고 말이다(컬러화보의 사진13, 사진15 참조). 이러한 시도는 대단히 의미 있는 도전이다. 포장재란 정의대로라면 음식물을 외부 세계의 오염으로부터 분리하는 것이지 먹어 없애는 것이 아니기 때문이다. 현재 이 연구는 생분해성 필름의 투과성과 기계적 내구성, 저장 방법(급속냉동, 살균 등)을 대상으로 계속 진행되고 있다.

5

무스도 되고
에멀션도 되고
젤도 되고!

．
．
．

"아무것도 시도하지 않는 사람은 실패가 없지만 성공도 없다."
— 노자

물과 기름 사이에 적절한 균형 찾기

● 　　　　　　　　　마요네즈를 만들다 보면 실패하는
경우가 간혹 있는가? 아니, 한 번도 성공해본 적이 없는가? 마요네즈
를 사서 먹기보다 직접 만들어보려고 시도한 경험이 있다면 성공 여부
를 떠나 그 자체로 이미 칭찬받을 만한 일이다! 그리고 이제는 안심하
길 바란다. 이번에 소개할 내용을 읽고 나면 마요네즈를 만들면서 실
패하는 일은 더 이상 없을 테니까.

　여기서 흔히들 말하는 '비법'은 얘기하지 않을 것이다. 가령 달걀은
실온이 되도록 냉장고에서 미리 꺼내두어야 한다거나, 반대로 달걀노
른자는 아주 차가운 게 좋다거나, 거품을 낼 때 8자형으로 저어야 한
다거나, 머스터드를 넣으면 거품이 잘 올라온다거나…. 실제로 마요

네즈를 위한 비법은 아주 많다. 너무 많아서 유감스러울 정도다! 하지만 지금 우리에게 중요한 것은 마요네즈란 에멀션의 일종이라는 사실이다. 따라서 마요네즈를 만든다는 것은 물과 기름 사이에 적절한 균형을 찾는 일이라고 볼 수 있다.

달걀노른자에 함유된 레시틴은 계면활성제의 역할을 한다. 다시 말해 서로 섞이지 않는 두 액체인 물과 기름이 섞이도록 도와주고, 물과 기름의 혼합물을 가능한 한 안정된 상태로 유지시켜준다. 이것을 '준準안정' 상태라고 말한다. 그래서 마요네즈를 만들 때는 오일(혹은 다른 지방성 액체)과 물(혹은 물을 함유한 다른 모든 액체) 외에도 계면활성제가 필요하다. 그럼 이제 마요네즈를 성공적으로 만들려면 어떻게 해야 하는지 자세히 알아보고, 에멀션이라는 구조에 대한 지식을 바탕으로 새로운 요리도 개발해보자.

마요네즈 만들기에 확실히 실패하려면 어떻게 해야 할까? 이 질문이 이상하게 보이는가? 하지만 이 질문은 그렇게 이상한 것이 아니다. 나는 요리를 배우는 학생들이 마요네즈를 만들려다 실패하는 경우를 너무 많이 봐왔다. 이 경우 교사는 학생에게 그 자리에서 바로 다시 만들도록 시키고, 학생은 실패한 마요네즈를 버리고 다시 시도한다. 이번에는 물과 기름이 제발 섞이기를 기도하면서….

그렇다면 학생은 그처럼 방법을 스스로 터득해야 하는 방식의 수업에서 어떻게 해야 발전할 수 있을까? 실패한 마요네즈를 쓰레기통에

부엌의 화학자

서 다시 꺼내 현미경으로 관찰하면 서 자신이 무엇을 잘못했는지 알아 보면 된다. 그 안에 작은 기름방울 만 있는 게 아니라 큰 기름방울도

> 과학자들은 실험에 실패했을 때 오히려 다행스럽게 여기면서 연구 대상에 대한 이해를 높인다. 🧪

있다는 사실을, 그래서 기름방울들이 전체적으로 안정적이지도 균질하지도 않다는 사실을 확인하는 것이다. 시간이 걸려서, 혹은 현미경이 비싸서 관찰 수업을 못한다는 말은 하지 말길 바란다. 관찰은 5분이면 되고, 이 잠깐의 관찰로 반 학생 모두가 도움을 얻을 수 있다. 그리고 요즘에 소형 현미경은 그렇게 비싸지도 않다.

과학자들은 실험에 실패했을 때 오히려 다행스럽게 여기면서(늘 그런 것은 아니지만) 연구 대상에 대한 이해를 높인다. 실험이 단번에 성공해서 곧바로 더 어려운 다음 단계로 옮겨가게 되면 금세 한계에 부딪혀 실패에 이르기 때문이다. 어떤 단계에 대한 지식은 바로 그 단계에서 충분히 깊이 연구하는 게 좋다. 그런 다음 연구를 새로운 방향으로 이끌고 새로운 도구도 적용해보면서 발전해가야 한다.

에멀션과 미셀

마요네즈는 달걀노른자에 함유된 물과 역시 달걀노른자에 함유된 레시틴이라는 계면활성 분자, 그리고 따로 첨가한 기름 사이의 균형으로 만들어진다. 이 세 성분이 상대적 비율을 지키면서 균질하게 혼합될 때 마요네즈라는 에멀션이 완성된다는 말이다.

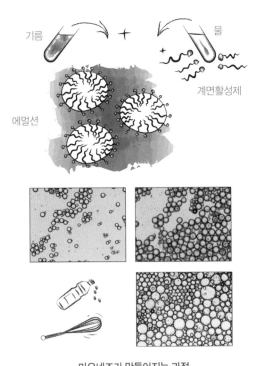

마요네즈가 만들어지는 과정
마요네즈가 만들어지면 작은 기름방울들은 서로가 서로를 둘러싸면서 꼼짝 못하게 된다.

부엌의 화학자

레시틴 분자는 친수성 머리와 기다란 사슬 형태의 친유성 꼬리로 이루어져 있다. 달걀노른자에 오일을 붓고 빠르게 저어주면 작은 기름방울들이 만들어지면서 레시틴이 그 기름방울들을 점차 뒤덮게 되는데, 이때 친유성 꼬리는 기름방울 안에 자리하고 친수성 머리는 기름방울 표면에 자리한다. '미셀^{micelle}'이라고 불리는 입자가 만들어지는 것이다. 미셀의 경우 내부는 친유성이지만 표면은 순수한 기름과 달리 친수성을 띠며, 그래서 물과 기름의 혼합물 속에 분산된 상태로 자리할 수 있다.

미셀의 이 같은 특성은 일상생활에도 많이 활용된다. 예를 들어 빨래나 설거지를 할 때 세제에 든 계면활성 분자는 기름때에 해당하는 지방질과 함께 미셀 입자를 형성한다. 그 결과 기름때는 표면이 친수성을 띠는 구조 안에 갇히면서 헹굼 물에 쉽게 제거된다. 또한 화장품이나 목욕용품 중에는 유분과 수분을 동시에 풍부하게 함유하고 있는 제품이 많은데, 이 제품들 역시 입자들이 미셀 구조를 이룬 에멀션 형태로 되어 있다.

마요네즈를 확실히 실패하고 싶다면 오일을 달걀노른자에 한 번에 다 붓고 섞어주면 된다. 그러면 아무리 섞으려고 해도 안 섞이기 때문이다! 미세한 기름방울을 물속에 분산시키려면 오일을 조금씩 천천히 넣어주면서 힘차게 저어주어야 한다. 그래야 기름방울이 작게 쪼개지면서 혼합물이 균질해지는 것이다.

여기서 중요한 기준이 되는 것은 물과 기름의 비율이며, 따라서 온도는 처음부터 중요한 역할을 하지는 않는다. 홀랜다이즈 소스나 화이트버터 소스(홀랜다이즈 소스는 달걀노른자, 버터, 레몬주스 등을 중탕해서 만드는 소스이고, 화이트버터 소스는 화이트와인을 졸이다가 버터를 넣어 만드는 소스다.*)가 증명하듯이 에멀션은 차게 만들어도 되고 따뜻하게 만들어도 된다.

그리고 다른 비법들, 가령 마요네즈 만들기에 좋은 오일 종류나 달걀노른자와 오일의 온도, 저어주는 방향, 소금 한 꼬집, 머스터드 한 스푼 등에 관해 늘어놓는 얘기들 역시 아무 효력이 없다! 대신 좀 더 세밀한 내용, 즉 온도가 높을수록 입자들의 열운동이 커진다는 점은 정확히 알아둘 필요가 있다. 마요네즈 같은 소스의 경우 기름방울들이 서로 더 많이 충돌할 수 있다는 말이다. 그 결과 기름방울들이 합체되거나 위로 떠오르면 소스는 '분리된' 상태에 이르게 된다.

부엌의 화학자

에멀션의 상태 변화

에멀션은 몇 가지 메커니즘에 의해 불안정해질 수 있다(넓게는 콜로이드 상태의 물질도 마찬가지다. 콜로이드에 대해서는 177~179쪽 참조).

- 응집flocculation은 미셸이나 입자가 여러 개씩 모여 집합체를 형성하는 것을 말한다. 응집 현상은 마요네즈를 만들 때는 피해야 하지만 다른 용도로는 유용할 수도 있다. 그래서 필요한 경우 응집제를 첨가해 일부러 응집을 유도하기도 한다. 예를 들어 하수 처리(부유 점토와 미세 금속 입자 제거)와 맥주 여과(찌꺼기가 되는 침전물과 부유 입자 제거) 과정에는 응집 현상이 필요하다.
- 합체coalescence는 물방울 같은 입자 2개가 모여서 하나의 입자가 되는 것을 말한다. 예를 들어 큰 물방울 하나와 작은 물방울 하나가 만나면 이 두 입자는 표면에너지(액체 표면 부근의 분자는 액체 내부의 분자보다 위치에너지가 크다. 이렇게 표면이 가지고 있는 과도한 에너지는 항상 표면을 수축시키려 하는데 이것을 표면에너지라고 한다.*)를 최소화하기 위해 합쳐지며, 이로써 부피는 두 입자의 부피를 더한 것과 동일하지만 표면적은 두 입자의 표면적을 더한 것보다 작은 하나의 입자를 이룬다. 이른바 '오

스트발트 숙성^{Ostwald ripening}'이라고 불리는 현상이다. 이때 합체된 입자는 합체되는 입자들의 크기가 비슷할수록 더 안정적인 성질을 띤다.

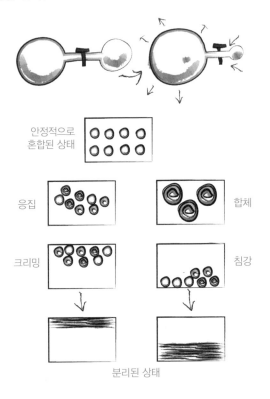

안정적으로
혼합된 상태

응집

합체

크리밍

침강

분리된 상태

• 크리밍^{creaming}은 작은 물방울 형태의 지방질 입자가 밀도 때문에 위로 떠오르는 것을 말한다. 가공하지 않은 우유를 가만히 두면 지방분을 함유한 크림이 표면에 자연적으로 떠오르는데

부엌의 화학자

이것이 바로 크리밍에 따른 현상이다. 식품가공업계에서는 우유에서 크림 성분을 분리할 때 원심분리를 이용해 크리밍 현상의 속도를 높인다.

- 침강^{sedimentation}은 액체 속에 분산된 입자가 역시 밀도 차이로 인해 중력이나 원심력의 방향으로 가라앉거나 이동하는 것을 말한다.

실패할 수 없는 마요네즈 레시피!

- 달걀 하나를 준비해 노른자만 분리해서 그릇에 담는다. 기호에 따라 후추를 뿌린다.
- 머스터드를 넣고 싶으면 조금 넣는다.
- 거품기나 핸드블렌더를 이용해 힘차게 저어준다.
- 오일을 1큰술 정도 넣고 20초 이상 젓는다.
- 원하는 농도가 나올 때까지 오일을 계속 천천히 넣으면서 저어준다. 이때 오일은 계속해서 아주 조금씩 넣어야 한다. 원하는 농도가 되면 간을 맞춘다.

에멀션의 성질을 알았다면 마요네즈를 언제든 성공할 수 있는 비법은 확보한 셈이다. 간단히 말해, 동일한 크기의 작은 기름방울들을 서로 빽빽하게 모여 있도록 만들면 된다. 마요네즈의 원리를 정확히 이해하고 나면 근거 없는 비법들로부터 자유로워질 수 있다. 그리고 좀 더 나아가 다른 시도도 해볼 수 있다.

달걀흰자로도 마요네즈를 만들 수 있다!

● 이번에 우리가 관심을 가져볼 대상은 마요네즈를 만들면서 개수대에 버린 것, 즉 달걀흰자다. 달걀흰자로 마카롱을 만드는 사람도 있겠지만 대개는 노른자만 쓰고 흰자는 그냥 버리기 마련이다. 달걀흰자를 이용하면 눈처럼 새하얀 무스를 만들 수 있다. 달걀흰자에 함유된 단백질이 거품을 만들어주는 속성, 즉 기포를 액체 속에 분산시키는 계면활성제의 속성을 지니고 있기 때문이다. 이때 단백질의 친수성 부분은 흰자의 수분 속에 남아 있는 반면, 소수성(친유성) 부분은 기포의 표면으로 이동한다. 그래서 계면활성제를 두고 '표면활성제'라고도 부른다.

공기와 물은 밀도가 크게 다르지만 계면활성제를 이용하면 공기가 액체 속에 갇힌 상태로 자리할 수 있으며, 이 혼합물은 요리에 써도 될

168

만큼 충분히 안정된 상태를 유지한다. 그런데 마요네즈 역시 계면활성제에 의해 안정화된 음식이 아닌가? 그렇다면 달걀흰자의 계면활성 단백질도 노른자의 레시틴처럼 마요네즈를 안정시킬 수 있지 않을까?

물리화학적인 관점에서 볼 때 마요네즈는 물과 기름과 계면활성제의 혼합물에 지나지 않는다. 따라서 달걀흰자(수분과 계면활성제를 지닌)와 오일을 가지고도 얼마든지 같은 일을 할 수 있다. 자, 그럼 이제 늘 하던 방식에서 벗어나서 달걀노른자는 빼고 흰자로 마요네즈를 한번 만들어보자!

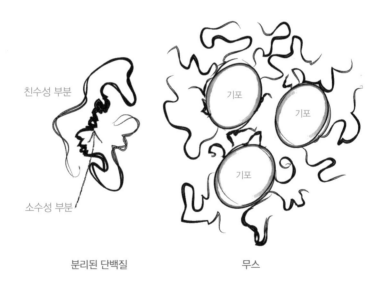

친수성 부분

소수성 부분

분리된 단백질   무스

달걀흰자 마요네즈 레시피

- 믹싱볼이나 믹서에 달걀 1개분의 흰자와 오일 1작은술을 넣는
  다. 오일 종류는 원하는 대로 고르면 된다.
- 달걀흰자와 오일의 혼합물을 최대한 빨리 저어준다. 이때 하얀
  거품은 올라오지 않는다. 무스가 아니라 에멀션이라는 얘기다.
- 원하는 농도가 나올 때까지 오일을 계속해서 아주 조금씩 넣
  으면서 저어준다. 달걀 1개분 흰자에 오일은 약 300밀리리터가
  필요하다.
- 입맛에 맞게 간을 한다.

그런데 달걀흰자 마요네즈가 미각적인 측면에서도 장점이 있을까?
새로운 요리를 개발할 때는 언제나 이 문제를 염두에 두어야 한다.

요리에 대한 연구는 요리를 더 잘 이해하기 위한 것이며, 그 같은
연구들을 적용했을 때는 당연히 더 맛있는 요리가 나와야 한다. 사실
달걀흰자와 오일(포도씨유, 해바라기유, 카놀라유 등)은 거의 아무 맛이 없
기 때문에 맛에 있어서는 한계가 있어 보인다. 그렇다면 마요네즈에
송로버섯이나 느타리버섯, 혹은 그 밖의 은은한 맛이 나는 재료로 풍

부엌의 화학자

미를 낸다면 어떨까? 상황이 달라지지 않을까?

아무 맛이 없는 달걀흰자 마요네즈의 장점은 무엇일까? 🧪

사람들은 송년회 같은 모임을 준비할 때 돈이 들더라도 좋은 재료를 사서 특별한 요리를 내놓고 싶어 한다. 예를 들어 비싸기로 유명한 송로버섯에 과감히 투자해서 송로버섯 마요네즈를 만든다고 생각해보자. 그러면 보통은 달걀노른자, 머스터드('확실히 성공하기 위해' 한 숟가락 듬뿍), 오일, 송로버섯 몇 그램으로 시작한다. 그런데 이 경우 달걀노른자와 머스터드의 맛이 도드라지기 때문에 값비싼 송로버섯의 맛은 죽는다는 아쉬움이 있다. 하지만 달걀흰자 마요네즈처럼 특별한 맛이 없는 바탕에서 시작하면 그 문제가 해결된다. 입에서 송로버섯의 은은한 향을 온전하게 느낄 수 있는 요리가 되는 것이다.

달걀흰자에 헤이즐넛 오일이나 아르간 오일, 바질 오일을 넣는 변형 레시피를 적용할 수도 있는데, 이 경우에도 역시 마요네즈를 먹었을 때 오일들의 은은한 향만 입에 남는다. 요컨대 마요네즈처럼 간단한 요리라도 그 원리를 이해하고 나면 더 맛있게 만들 수 있다는 얘기다. 게다가 달걀을 노른자든 흰자든 버리는 것 없이 다 쓸 수 있기 때문에(그래도 껍데기는 빼고) 경제적으로도 이득이다.

무스와 에멀션은 결국 같은 문제

무스를 만들 때 기체보다 밀도가 훨씬 높은 액체 속에 기체를 분산시킬 수 있는 것은 계면활성제 덕분이다. 예를 들어 비눗물을 저었을 때 거품이 생기는 이유는 공기가 비누의 계면활성 분자에 둘러싸인 상태에 놓이기 때문이다. 이때 비눗물을 많이 저어줄수록 거품은 더 늘어나면서 그 형태를 유지하지만, 얼마간의 시간이 지나면 다시 꺼져버린다. 무스처럼 준안정적인 균형 상태는 영원히 유지하기가 어렵다는 뜻이다.

이와 관련해 물리학에서는 다음과 같은 사실들을 알려준다.

1 거품의 크기가 작을수록, 그래서 거품 전체의 표면적이 클수록 표면장력(액체의 표면이 스스로 수축하여 가능한 한 작은 면적을 취하려는 힘*)의 작용으로 무스는 더 안정성을 띤다.

2 액체가 점성을 띠면 무스가 잘 만들어진다. 점성을 띠는 만큼 거품을 더 잘 '잡아두기' 때문이다.

3 중력은 액체가 '떨어지게' 만든다(중력에 의한 물 빠짐). 거품이 클수록, 그리고 거품이 분산되어 있는 액체의 질량이 클수록 물 빠짐 현상이 잘 일어난다.

4 서로 크기가 다른 거품들 사이에 존재하는 압력 차이, 즉 이른 바 '라플라스 압력Laplace pressure'에 의해 크기가 큰 거품은 크기가 작은 거품을 '집어삼키게' 된다(오스트발트 숙성).

5 거품 표면의 정전기적 힘 또한 한 가지 역할을 한다. 구체적으로 말해, 계면활성 분자의 '머리' 부분이 모두 같은 부호의 전하를 띨 경우 거품은 서로를 밀어내게 되고, 따라서 충돌 및 잠재적 합체를 피하게 된다.

6 입자의 열운동은 균형 상태를 방해한다. 온도가 높을수록 거품 입자는 더 빠르게 움직이며, 그 결과 서로 충돌하면서 합체할 수도 있다.

요컨대 무스는 거품이 서로 크기가 비슷하고 가능한 한 작을수록, 그리고 기포제 역할을 하는 계면활성제가 거품 전체의 표면적을 모두 덮을 만큼 충분히 사용되었을 때 안정적인 상태를 유지한다. 거품들의 표면적은 유입된 기체의 양이 많고 거품 크기가 작을수록 커지기 때문이다. 무스의 부피는 그 상태 자체가 충분히 지속적으로 유지될 때만 커지며, 계면활성제의 선택이 무스의 최종 상태와 안정성을 결정한다.

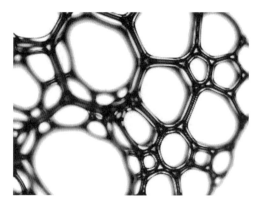

안정적인 상태의 무스에서 거품들은 얇은 액체 막을 사이에 두고 서로 분리된 채 빽빽이 배열해 있다. 거품들 사이의 경계선은 120도에 가까운 각도를 보여주며, 따라서 벌집의 육각형 구조를 연상시킨다.

　무스에서 기포를 액체 방울(예를 들어 기름방울 같은 것)로 바꾸면 작은 액체 방울이 다른 액체에 분산해 있는 상태, 즉 에멀션이 된다.

　그렇다면? 그렇다! 무스와 에멀션은 둘 다 콜로이드 분산계分散系로서, 위에서 말한 물리적 현상들은 무스와 마찬가지로 에멀션에도 똑같이 적용된다(분산계에 관해서는 178쪽 참조). 에멀션의 경우에 레시틴 같은 계면활성제는 기름방울 표면에 위치하면서 기름방울을 물속에 안정적으로 자리하게 만든다. 마요네즈에서처럼 말이다. 또 다른 예를 들자면 우유도 에멀션에 해당한다. 우유는 지방분이 계면활성 단백질의 일종인 카세인을 통해 물속에 미세하게 분산한 상태로 있는 식품이기 때문이다.

부엌의 화학자

마요네즈의 변신은 어디까지?

●   앞에서 우리는 달걀노른자로 만드는 '고전적인' 마요네즈에서 출발해 달걀흰자 마요네즈의 실현 가능성과 요리로서의 가치를 검토했다. 그렇다면 이번에는 새로운 조건을 추가해서 한 걸음 더 나아가보자. 달걀흰자가 젤처럼 변하는 성질을 이용해보는 것이다.

예를 들어 달걀흰자로 마요네즈를 만들어서 전자레인지에 수십 초 돌린다고 해보자. 이 경우 달걀흰자 성분은 젤처럼 굳을 것이다. 그럼 마요네즈 자체는 어떻게 될까? 녹아내릴까? 아니면 굳을까? 실험을 해보면 달걀흰자가 응고하면서 기름 방울이 그 안에 갇힌 결과물이 나온

> 마요네즈를 조각으로 잘라 먹을 수도 있다! 🧪

다. 조각으로 잘라 먹을 수 있는 마요네즈가 만들어지는 것이다! 동그란 형태로 입에 넣으면 부드럽게 녹아내리면서 향긋한 오일이 흘러나오는 새로운 질감의 마요네즈를 상상해보라.

여기서 오일 대신 초콜릿 녹인 것(초콜릿도 지방질이다)을 쓰면 초콜릿 비스킷이 된다. 밀가루 없이 전자레인지에 20초 정도 돌려서 초콜릿 비스킷을 만드는 것이다. 게다가 오일 대신 푸아그라('살찐 간' 또는 '기름진 간'을 의미하는 말로, 거위나 오리에게 일정 기간 동안 강제로 사료를 먹여 간의

크기를 크게 만들어낸 것.*) 녹인 것을 쓰면 이번에는 푸아그라 무스가 만들어진다. 그리고 이 레시피에서 중요한 것은 달걀흰자에서 아무 맛도 안 나는 수분이 아니라 단백질 성분이므로 달걀흰자 대신 달걀흰자 분말을 써도 푸아그라 무스나 부드러운 와인 치즈 무스를 만들 수 있다.

에멀션에 거품을 내면 어떤 요리가 될까

● 계면활성제는(물과 기체를 좋아하는 성질을 지닌 경우) 기포제로서 무스를 만들 수도 있고(지방분과 물을 좋아하는 성질을 지닌 경우), 유화제로서 에멀션을 만들 수도 있으며, 무스와 에멀션을 모두 만들 수도 있다. 예를 들어 콩이나 해바라기씨의 레시틴은 무스 거품과 에멀션을 둘 다 만들어준다. 일부 레스토랑에서는 레시틴으로 만든 거품 소스를 '에스푸마'라고 부르는데, 물리학적으로는 비슷해도 에스푸마는 질소 가스를 이용해 만드는 것이므로 구분해야 한다. 그렇다면 무스와 에멀션의 경계를 넘어서 무스 같은 에멀션을 만들 수도 있을 것이다. 거품 낸 에멀션, 다시 말해 다른 액체 방울이 분산되어 있는 액체에 기포가 또 분산한 상태를 만들어보자는 얘기다.

구체적으로는 생크림에 설탕을 넣고 거품을 내서 만드는 샹티이 크

부엌의 화학자

림^{chantilly cream}이 바로 그 예에 해당한다. 실제로 샹티이 크림은 지방분이 물에 흩어져 있는 에멀션을 '날아갈 듯이' 가벼운 질감이 날 때까지 부풀린 것으로 여기서 부풀린다는 것은 '휘핑', 즉 공기를 넣어주면서 휘젓는다는 의미다. 그것을 기호로 나타내면 $(G+L_1)/L_2$로 표시할 수 있다. 기포와 기름방울이 물에 흩어져 있다는 뜻이다. 따라서 물(L_2)과 기름(L_1), 기체(G), 그리고 이들을 혼합해줄 계면활성제만 있으면 샹티이 크림과 같은 질감을 만들어낼 수 있다.

이처럼 새로운 조리법을 완성하고 요리로서의 가능성을 검토하려면 그 미시적인 구조를 이론적 모델로 만들어야 하는데, 이를 위해서는 요리에서 기본이 되는 세 가지 구조가 필요하다. 무스, 젤, 에멀션이 바로 그것이다.

콜로이드

잉크, 연기, 헤어스프레이, 마요네즈, 스펀지 매트리스, 머랭^{me-ringue}(달걀흰자에 설탕과 약간의 향료를 넣어 거품을 낸 뒤에 낮은 온도의 오븐에서 구운 것*) 등 우리 주변에는 콜로이드 상태의 물질이 가득

하다. 사실 콜로이드의 정의는 매우 폭넓은데, 어떤 물질계가 분산계에 속하면 콜로이드라고 불리기 때문이다. 요리와 관련해서 특히 주목할 만한 것은 친수콜로이드 hydrocolloid, 즉 어떤 입자가 물속에 분산해 있는 콜로이드다.

　그렇다면 분산계란 무엇일까? 위에서 말한 잉크, 연기, 마요네즈 등과 같은 물질은 모두가 어떤 고체 입자나 액체 방울, 혹은 기포 같은 '분산질分散質'이 연속적인 성질의 '분산매分散媒'에 미시적인 차원으로(2~2000나노미터) 미세하게 흩어져 있는 상태를 말한다. 간단하게는 '1이 2에 분산된 상태'로 말하거나 '1/2'이라고 나타낸다. 여기서 1과 2의 물리적 상태는 고체S, 액체L, 기체G 가운데 어느 하나일 수 있으며, 따라서 이론상으로는 9가지 종류의 콜로이드를 생각해볼 수 있다. 하지만 모든 기체는 언제나 서로 쉽게 섞

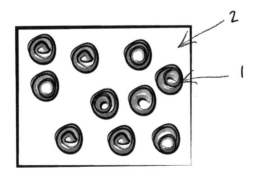

　　　　　　　　　　　　부엌의 화학자

이기 때문에 G_1/G_2의 분산계는 따로 구분하지 않는다. 그래서 콜로이드의 종류는 모두 8가지가 존재한다.

잉크나 페인트를 현미경으로 관찰하면 고체 색소 입자가 액체 용매에 녹아서 흩어져 있는 상태로 나타난다. 잉크나 페인트가 마르면 용매는 증발하고, 색소만 종이나 벽에 남는 것이다. 따라서 잉크와 페인트는 고체가 액체에 분산된(S/L) 현탁액suspension에 속한다.

크기가 아주 작은 고체 입자는 모든 액체 속에 균질하게 흩어져 자리한다. 하지만 필요한 경우 분산이 더 확실히 이루어질 수 있도록 안정제(응집방지제, 계면활성제)를 사용할 때도 있다.

액체가 고체에 분산된 L/S는 젤에 해당하며, 액체가 다른 액체에 분산된 L_1/L_2는 에멀션(이때 두 액체는 서로 섞이지 않는다), 기체가 액체에 분산된 G/L은 액체 거품(달걀흰자 거품, 비누 거품 등), 기체가 고체에 분산된 G/S는 고체 거품(폴리우레탄 폼, 머랭, 빵 속살 등)에 해당한다. 그리고 고체가 다른 고체에 분산된 S_1/S_2는 고체 상태의 에멀션으로 볼 수 있으며, 이를 응집체aggregate라고 말한다. 예를 들어 붉은빛을 띠는 크랜베리 유리는 금 입자를 유리질 고체에 분산시켜 만든 물질이다.

끝으로, 고체가 기체에 분산된 S/G와 액체가 기체에 분산된 L/

G는 각각 고체 에어로졸과 액체 에어로졸을 형성한다. 고체 입자(연기의 경우)나 액체 방울(헤어스프레이, 안개, 구름의 경우)이 기체(공기나 분사용 가스)에 흩어져 있는 것이다.

친숙한 질감에서 새로운 질감으로

1장에서 무스, 에멀션, 젤을 각각 속이 빈 큰 동그라미와 속이 찬 작은 동그라미, 서로 얽혀 있는 선으로 도식화했던 모델을 떠올려보자(37쪽 참조). 그 모델에 따르면 아래 그림처럼 속이 찬 작은 동그라미(기름방울)가 연속성을 띠는 바탕(수분)에 흩어져 있는 구조는 에멀션을 나타낸다. 마요네즈, 베어네이즈 소스(홀랜다이즈 소스와 비슷하지만 레몬주스 대신 화이트와인과 샬롯 등이 들어간다*), 홀랜다이즈 소스, 화이트버터 소스 등이 모두 그 예들이다.

에멀션의 밀도가 높으면 기름 입자의 양과 성질에 따라 뻑뻑한 질감이 만들어진다. 버터나 마가린처럼 발라먹을 수 있는 에멀션이 되는

180

것이다. 프렌치드레싱과 버터 사이의 중간 질감을 가진 에멀션 중에는 발라먹는 것이 많다. 땅콩버터, 쿠키 스프레드, 그리고 악마의 잼이라 불리는 그 유명한 초콜릿 스프레드까지. 이 거부할 수 없는 맛있는 음식들이 모두 지방질을 에멀션 상태로 만들어놓은 물질이라는 말이다.

그런데 에멀션이 아무리 잼처럼 발라먹을 수 있는 것이라 하더라도 물리화학자의 관점에서 볼 때는 흐르는 성질을 지닌 액체에 해당한다. 종류에 따라 빨리 흐르거나 늦게 흐르는 차이와 잘 흐르거나 잘 흐르지 않는 차이는 존재하지만 어쨌든 흐르는 것은 분명하며, 잘 흐르지 않는 경우는 점성이 강할 뿐이다. 따라서 우선은 흐르지 않는 것처럼 보이는 치약, 케첩, 마요네즈, 마가린 등 같은 에멀션도 '액체'로 분류하는 게 타당하다.

이처럼 액체는 다양한 기계적 속성을 지니고 있다는 점에서 아주 흥미로운 세계를 보여준다. 가령 액체 중에는 '전단담화유체 shear thinning fluid'라고 불리는 것이 있다. 힘을 가하면 액체처럼 흐르지만 가만히 두면 흐르지 않고 고체처럼 그대로 있는 성질을 지닌 것인데, 튜브를 누르면 흘러나오는 치약이 바로 그 예에 해당한다. 따라서 전단담화유체는 소비자가 에멀션 제품을 편리하게 사용할 수 있게 해주는, 따라서 제조업자가 에멀션 제품에 많이 적용하는 속성을 지녔다는 점에서 주목할 만하다.

이와 반대의 성질을 지닌 경우는 '전단농화유체^{shear thickening fluid}'라고 말한다. 외부에서 힘이 가해지면 고체 같은 형태를 띠지만 가만히 두면 액체처럼 흐르는 것으로, 물과 전분의 혼합물이 그 같은 속성을 지니고 있다. 물과 전분 혼합물은 손으로 떠올리면 손가락 사이로 흘러내리지만, 힘을 가해 주무르면 단단한 공 모양이 된다.

전단담화유체나 전단농화유체는 뉴턴의 점성 법칙을 따르지 않는다는 의미에서 '비뉴턴 유체'라고 불리며, 손으로 뜰 수 있는 크림 형태로 되어 있지만 피부에 펴 바르면 액체처럼 변하는 화장품이나 제과제빵 분야에 많이 활용된다. 게다가 스턴트맨이 입는 보호복이나 방탄복에도 쓰인다. 방탄복의 경우는 충격을 받으면 단단한 고체로 굳는 성질의 전단농화유체를 케블라 같은 초강력 합성섬유와 결합하는 연구가 진행 중이다. 실제로 현재의 방탄복은 케블라 섬유로 만들되 주요 부위에만 세라믹 판을 넣는 형태로 되어 있다. 손이나 발, 목덜미 같은 곳은 움직임이 충분히 자유로워야 하기 때문에 케블라 섬유밖에 쓸 수 없는 것이다. 따라서 부드러운 직물에 전단농화유체를 분산시켜 두건이나 장갑 등을 만들면 좋은 대안이 될 수 있다.

맛있는 에멀션의 세계

●   이번에는 초콜릿에 대해 이야기해
보자. 판 형태의 초콜릿은 유중수형 에멀션을 고체로 굳힌 것에 해당
한다. 다시 말해 고체 상태의 지방성 물질인 결정화된 카카오버터에
수분이 분산해 있는 구조로서, 도식으로 나타내면 속이 찬 작은 동그
라미(수분)가 고체 상태의 바탕에 '파묻혀' 있는 그림으로 표현할 수 있
다. 그래도 물리화학적 쟁점은 수중유형 에멀션의 경우와 동일하다.
서로 쉽게 섞이지 않는 두 물질을 성공적으로 분산시키는 것이 관건이
라는 얘기다.

한편, 속이 빈 큰 동그라미(기포)가 바탕(수분)에 흩어져 있는 그림은
무스를 나타낸다. 거품 낸 달걀흰자, 플로팅 아일랜드(살짝 익힌 달걀흰
자 거품을 커스터드 소스에 섬처럼 띄워 만드는 디저트*), 익히지 않은 머랭 등
이 그 예들이다. 그런데 머랭이나 플로팅 아일랜드에 올릴 달걀흰자
거품을 익힐 경우 달걀흰자가 응고하면서 젤 구조를 형성하며, 이로써
공기를 알부민 그물 안에 가둔다. 고체 거품이 만들어진다는 뜻이다.

마찬가지로 빵의 속살도 같은 방식으로 설명할 수 있다. 탄성을 지
닌 글루텐 그물은 발효 과정에서 발생한 탄산가스를 가두어 반죽을 부
풀게 만드는데, 그 상태에서 반죽을 익히면 빵 속살에 기포가 생긴다.
이 경우에도 역시 고체 거품이 만들어진 것이다. 따라서 이 같은 고체

거품의 구조는 속이 빈 동그라미(기포)가 서로 얽혀 있는 선(고체 그물) 사이에 분산되어 있는 그림으로 나타낼 수 있다.

그처럼 '그물화된 거품'의 질감은 젤 구조가 얼마나 단단한지에 따라 입에서 느껴지는 부드러움의 정도가 달라진다. 가령 플로팅 아일랜드는 빵 속살보다 훨씬 더 부드러우며, 빵 속살의 부드러움도 빵에 따라, 즉 밀가루의 성질, 습도, 빵이 점점 굳어지는 노화의 정도 등에 따라 크게 차이가 난다. 또한 그 거품의 질감은 젤 구조에 함유된 수분의 양이 많을 때, 그리고 익히지 않거나 조금만 익힐 때(그물화가 약하게 일어날 때) 더 부드러워진다.

그런데 아주 부드러운 질감의 젤 중에는 거의 수분으로만 이루어진 것도 있다. 실제로 액체 100그램을 젤 상태로 만드는 데는 한천 1그램이면 충분하기 때문이다. 예를 들어 접시에서 가볍게 흔들리는 모습이 연상되는 캐러멜 푸딩은 거의 수분으로만 이루어져 있는데도 젤 형태를 유지한다. 그처럼 부드러운 음식은 그만큼 만들고 다루기가 어려운데, 그래서 사이펀 같은 도구를 이용하면 큰 도움을 받을 수 있다(190쪽 사이펀을 이용한 스펀지케이크 레시피 참조).

> 새로운 요리를 개발하려면 상상력의 흐름을 따라가면 된다. 🜪

요리의 기본 블록(속이 빈 큰 동그라미, 속이 찬 작은 동그라미, 서로 얽혀 있는 선)을 일단 정하면 우리가 아는 요리들을 그 블록들로 설명하고 도식화할 수 있다. 그렇다면 이러한 지식에서부터 새로운 요리를 개발하고 만들어내려면 어떻게 해야 할까? 상상력의 흐름을 따라가면서 기본 블록들을 간단하거나 복잡한 이런저런 구조로 조립해보면 된다. 그리고 다음 질문을 던져보는 것이다. "이런 구조로 된 음식을 만들 수 있을까?" "그렇게 만든 음식이 맛있을까?"

에멀션을 젤 상태로 만든 잘라 먹는 프렌치드레싱

● 　　　　　　속이 찬 작은 동그라미가 서로 얽힌 선 사이에 분산되어 있는 그림을 그려보자. 이 그림은 에멀션을 젤 상태로 만든 것이다. 다시 말해서 조각으로 잘라 먹을 수 있는 프렌치드레싱이라는 얘기다. 에멀션과 젤에 관한 지식에서 출발한 새로운 레시피, 가령 토마토 한 조각에 프렌치드레싱 한 조각을 올린 새로운 형태의 샐러드를 현실로 옮기려면 어떻게 해야 할까?

우선 식초에 젤화제를 녹인 다음(필요하다면 물도 약간 첨가해서), 이

용액이 아직 따뜻할 때 오일을 붓고 섞어준다. 여기서 중요한 것은 에 멀션화가 젤화 온도보다 높은 온도에서 이루어져야 한다는 점이다(한 천을 젤화제로 쓴다면 50℃ 이상). 에멀션이 일단 완성되면 팬에 부어서 빠르게 식혀야 하는데, 그러면 에멀션이 젤로 변하면서 작은 오일 방울 들이 그 안에 갇히게 된다.

앞에서 달걀흰자 마요네즈를 얘기하면서 언급한 요리, 즉 조각으로 잘라 먹을 수 있는 마요네즈도 같은 경우에 해당한다. 달걀흰자의 수 분과 계면활성제 역할을 하는 알부민, 오일을 재료로 에멀션을 만든 다음, 이 에멀션을 전자레인지에서 익혀 젤 구조를 만들어서 그 안에 오일 방울을 가둔 요리이기 때문이다. 간단히 말해 에멀션을 젤로 만 든 것이다. 여기서 에멀션의 재료는 다른 것들로 대체가 가능하다. 여 러 가지 향의 오일, 달걀흰자 분말, 고기와 채소 육수 등 동일한 원리 를 적용하되 재료만 바꾸면 손쉽게 새로운 요리를 만들 수 있다!

거꾸로 뒤집힌 칵테일

지방질의 분산 현상을 이용해 색이 위로 갈수록 어두워지는 칵테 일을 한번 만들어보자. 사실 칵테일은 색이 아래로 갈수록 어두

부엌의 화학자

워지도록 만드는 게 일반적이다. 향과 색을 낸 설탕 시럽이 과일 주스보다 밀도가 높아서 칵테일 잔 바닥으로 가라앉는 성질을 이용하기 때문이다. '테킬라 선라이즈'라는 이름의 칵테일이 대표적인 예라 할 수 있다. 테킬라 선라이즈는 오렌지주스와 테킬라를 섞은 다음 그레나딘시럽(석류 과즙과 설탕으로 만든 붉은색 시럽*)을 잔 바닥에 깔리도록 부어 만드는데, 잔을 가볍게 흔들어주면 노란색에서 붉은색으로 이어지는 색의 변화가 위에서부터 아래로 가면서 자연스럽게 나타난다.

본격적인 '거꾸로 칵테일'을 만들기에 앞서, 약국에서 파는 알코올(에탄올)과 오일을 이용한 실험으로 우리가 원하는 효과를 먼저 테스트해보자. 알코올 2~3밀리리터에 오일을 2방울 넣고 힘차게 흔들어주면 알코올이 탁해지는데, 이는 기름방울이 알코올에 분산되었다는 표시다. 그럼 물 한 잔을 준비해서 그 알코올 용액을 물 표면에 조심스럽게 부어준다. 이때 알코올 용액은 물 잔으로 퍼지되, 잔 위쪽으로는 탁한 용액이 자리하게 된다. 기름방울이 물과 알코올의 혼합물에 분산되긴 하지만 밀도 때문에 표면에만 머무는 것이다. 말하자면 위로 갈수록 색이 어두워지는 상태가 되었다고 볼 수 있다.

그럼 이 실험을 가지고 '진짜' 칵테일을 만들어보자. 이 단계에서는 실험에서 얻어낸 정보를 식재료에 적용하는 동시에 맛의 균형도 생각해야 한다. 오일은 어떤 것을 쓰는 게 좋을까? 알코올은? 물을 대신할 재료는? 너무 어렵게 생각할 필요는 없다. 위에서 말한 테킬라 선라이즈에서 힌트를 얻으면 되니까 말이다. 우선, 진하게 농축된 테킬라에 오렌지 에센셜오일을 2방울 넣고 저어준다. 그리고 붉은색의 천연 색소 리코펜을 첨가한 다음, 완성된 용액 전체를 오렌지주스가 담긴 잔에 붓는다. 그러면 잔 아래는 노란색을 띠지만 위로 갈수록 붉은색을 띠는 색의 변화가 나타난다. 테킬라 선라이즈에 반대되는 '테킬라 선셋'이 만들어지는 것이다!(컬러화보의 사진16 참조).

과일즙만으로도
씹어 먹는 무스를 만든다

● 이번에는 속이 빈 큰 동그라미가 서로 얽힌 선 사이에 갇혀 있는 그림을 그려보자. 이 그림은 무스를 젤 상태로 만든 것으로, 이러한 구조를 만들려면 달걀흰자를 거품 내서

익히면 된다. 그런데 달걀흰자가 안 들어가는 새로운 형태의 무스로도 이 구조를 만들 수 있다! 가령 과일즙에 젤화제를 섞은 용액을 사이펀에 넣은 다음, 가스 카트리지를 이용해서 기체를 주입한 뒤 냉각한다고 생각해보자. 그러면 과일 용액은 기포가 주입된 상태로 응고가 진행되고, 그 결과 젤 상태의 과일 무스가 만들어진다.

여기서 중요한 사실은 이 무스는 일반적인 바바루아나 샤를로트 charlotte(과일과 비스킷, 크림 등으로 만든 디저트*)처럼 과일즙으로 '소심하게' 향을 낸 음식이 아니라는 것이다. 실제로 이제까지 사람들은 무스에 향을 더할 때 달걀흰자나 생크림을 거품 낸 다음에 향이 나는 음료(커

> 원재료에 가깝게 만든 과일 무스는 맛도 탁월하다. 🜊

피, 과일주스, 알코올음료)를 첨가하는 방식을 써왔다. 이때 향이 나는 음료를 너무 적거나 너무 많이 쓰면 안 된다. 너무 적게 쓰면 무스에서 아무 맛이 안 나고, 너무 많이 쓰면 재료가 묽어져서 거품이 꺼질 수 있기 때문이다. 하지만 위에서 말한 사이펀 조리법을 이용하면 과일즙만으로도 무스를 만들 수 있다. 달걀도, 설탕도, 크림도 안 넣고 오로지 과일즙만으로! 이렇게 만든 과일 무스는 원재료에 더 가깝기 때문에 맛도 당연히 탁월하다(컬러화보의 사진1 참조).

사이펀을 이용한 스펀지케이크

이 레시피는 지방질이 너무 많지만 않다면 대부분의 액체 재료에 적용할 수 있다.

- 액체 재료 350밀리리터에 한천 4그램을 섞은 다음 끓인다.
- 끓인 용액을 사이펀에 넣고, 사이펀의 용량에 따라 가스 카트리지를 1~2개 주입한다.
- 사이펀에 든 용액을 50℃까지 식힌다. 이때 용액의 온도는 젤화 온도보다 약간 높아야 한다. 젤화 온도보다 많이 높으면 용액이 너무 묽어서 거품이 모양을 잡기도 전에 꺼지게 되고, 젤화 온도보다 낮으면 용액이 사이펀 안에서 젤로 변해서 거품으로 뽑아낼 수가 없다.
- 원하는 모양의 틀에 거품을 뽑아낸 다음, 곧바로 차게 식힌다. 그러면 거품이 굳으면서 모양이 잡히는데, 완성된 거품은 가벼운 무스를 젤 상태로 만든 것 같은 질감이 난다. 말하자면 스펀지케이크 같은 질감이 되는 것이다. 실제로 이 거품은 물을 스펀지처럼 빨아들이며, 따라서 향이 나는 음료를 부어주면 또 다른 변신이 가능하다. 그리고 60℃까지 가열해도 되기 때문에

부엌의 화학자

설탕이나 소금(가령 채소즙을 재료로 했을 때)으로 간을 한 따뜻한 요리로도 낼 수 있다.

한천의 양은 주스, 묽은 소스, 진한 퓌레 같은 액체 재료의 점성에 따라 조절하면 된다.

이 레시피에서 주목할 점은 일반적인 레시피와는 다른 방식으로 일종의 케이크를 만들었다는 사실이다. 밀가루도 달걀도 오븐도 없이! 그렇다면 당근 케이크나 채소 무스도 이 새로운 방식으로 만들어볼 수 있을 것이다. 밀가루 없이 만드는 럼바바^{rum baba}(럼주에 적신 스펀지케이크*), 달걀 없이 만드는 수플레, 그리고 그 밖의 신기하면서도 맛있는 요리들을 말이다!

초특급으로 가벼운 스펀지케이크와 기포를 머금은 샹티이 크림

● 　　　　　　　방금 설명한 레시피의 스펀지케이크 같은 요리는 티에리 막스와 내가 직접 실험해본 결과, 진공 냉각을

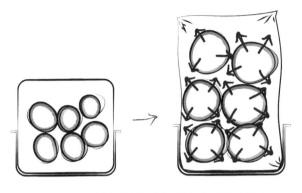

무스를 진공 상태에서 식히면 부피를 쉽게 두 배로 만들 수 있다.

통해 기포의 크기를 키울 수 있다는 것을 확인했다. 기체는 압력이 낮아지면 부피가 커지기 때문이다. 가령 사이펀으로 뽑아낸 무스를 진공 상태에서 식히면 한편으로는 한천에 의해 젤화가 일어나고, 다른 한편으로는 무스 안에 든 기포가 진공의 영향으로 팽창하게 된다. 따라서 커다란 기포가 한천의 그물 구조에 갇히는 형태가 만들어진다(컬러화보의 사진18, 사진19 참조).

실험에서 확인한 바에 따르면 스펀지케이크는 대기압 상태에서 식혔을 때와 진공 상태에서 식혔을 때 서로 다른 맛이 난다. 부피가 서로 다르기 때문이기도 하지만, 무엇보다도 맛 분자들이 활동할 수 있는 표면적이 다르기 때문이다. 그 표면적은 진공 상태에서 식힌 스펀지케이크의 경우가 물론 더 크다.

티에리 막스와 나는 사이펀 스펀지케이크의 원리에 근거해 초콜릿과

부엌의 화학자

미네랄워터, 한천만을 재료로 초콜릿 케이크를 만들었다. 이 케이크를 이용하면 칼로리는 낮으면서 초콜릿 맛은 아주 진한 블랙 포레스트 케이크를 만들 수 있기 때문이다. 그리고 역시 같은 원리에 따라 날 당근으로 무스를 만든 다음, 이 당근 무스를 비프스톡beef stock(소뼈나 무릎 뼈에 야채와 향료를 넣고 서서히 끓여서 찌꺼기를 걸러낸 국물*)에 적시는 조리법을 이용해 새로운 형태의 소고기 당근 가니시garnish(완성된 요리의 모양이나 색을 좋게 하고 식욕을 돋우기 위해 곁들이는 것*)도 개발했다.

최근에는 콩테치즈를 주재료로 기포의 크기를 키운 무스를 만든 뒤, 완성된 무스를 정육면체 모양으로 잘라 120℃에서 건조시켜 크루통crouton(빵을 작은 정육면체 모양으로 잘라서 굽거나 튀긴 것. 보통 시저 샐러드 같은 샐러드에 곁들여 먹거나 수프에 넣어 먹는다*)처럼 만들었다. 밀가루도 글루텐도 없이 크루통의 맛과 질감을 재현한 것이다.

이러한 결과물들을 얻으려면 무스는 무엇이고 '젤화 온도'는 또 무엇인지를 정확히 이해해야 한다. 그리고 무스라고 하면 무조건 달걀흰자나 생크림을 거품 내서 만드는 전통적인 레시피에서 벗어날 줄도 알아야 한다.

새로운 방식으로 무스를 만들었을 때 얻을 수 있는 장점은 한 가지가 더 있다. 한천처럼 60℃가 넘는 열에도 잘 견디는 식물성 젤화제를 사용하면 따뜻하게 먹는 무스를 만들 수 있다는 것이다. 따라서 무스를 요리에 이용할 수 있는 폭이 넓어지기 때문에 큐브 형태의 채소 퓌레 무스나 따뜻하게 먹는 무스 케이크처럼 새로운 형태의 가니시를 개발할 수 있다.

이번에는 속이 찬 동그라미와 속이 빈 동그라미가 같이 분산된 그림을 그려보자. 이 그림처럼 에멀션과 무스를 동시에 만들 수 있을까? 만들 수 있다. 에멀션을 거품 내면 된다. 새로운 조리법이냐고? 아니, 그렇지 않다. 이러한 구조의 요리는 우리가 이미 잘 알고 있으며 앞에서도 벌써 나왔다. 우유로 만든 무스, 거품 낸 크림, 샹티이 크림 등이 바로 그것이다. 우유와 크림(묽은 크림이든 진한 크림이든)은 수분과 지방분으로 이루어진 에멀션에 해당한다. 여기서 지방분은 미셀이라고 불리는 미세한 기름방울로 분산해 있는데, 우유와 크림이 불투명한 흰색으로 보이는 것은 바로 그 기름방울들이 빛을 모두 반사하기 때문이다. 반대로, 검은색 티셔츠는 빛을 모두 흡수해서 우리 눈에 반사되는 빛이 없기 때문에 검은색으로 보이는 것이다.

어쨌든 우유나 크림을 저어 거품을 내면, 즉 휘핑하면 기포가 그 안에 갇히면서 재료가 부풀게 되는데, 이때 기포가 우유나 크림에 갇히는 이유는 두 가지다. 첫 번째 이유는 이 액체들의 농도가 어느 정도는 진해서 기포가 쉽게 떠오르지 못하기 때문이다. 두 번째 이유는 우유와 크림에 들어 있는 천연 계면활성제, 즉 카세인이 지방분-수분의 경계면

부엌의 화학자

과 기포-수분의 경계면에 자리해 지방분 및 기포의 분산을 도와주기 때문이다. 이러한 원리를 알면 샹티이 크림 만들기는 더 쉬워진다.

사실 샹티이 크림은 사이펀만 있으면 쉽게 만들 수 있다. 믹싱볼을 차갑게 식힐 필요도 없고, 생크림을 냉장고에 몇 시간씩 놔둘 필요도 없으며, 크림을 사방에 튀기면서 휘저을 필요도 없다! 게다가 이 방법을 쓰면 거의 모든 에멀션을 거품처럼 만들 수 있다. 화이트버터 거품 소스, 거품 같은 마요네즈, '초콜릿만으로 맛을 낸' 초콜릿 무스가 아니라 '초콜릿으로 만든' 초콜릿 무스 등 새로운 요리를 만들 수 있는 길이 활짝 열리는 것이다.

초콜릿만으로 만드는 초콜릿 무스

이 레시피는 원하는 재료를 이용해 얼마든지 재해석할 수 있다.

- 초콜릿 150그램을 물 150그램(혹은 차, 주스, 커피 등의 다른 음료도 가능하다)에 넣고 녹인다. 여기서 초콜릿 양은 '정확히' 150그램이 아니라 '대략' 150그램으로 이해하면 된다. 어떤 초콜릿을 쓰는지에 따라 양을 조절하고, 테스트를 해보면서 원하는 질감

을 내면 되기 때문이다.

- 초콜릿 용액을 힘차게 저어준 다음(에멀션 상태), 사이펀에 넣고 가스를 주입한다(무스 상태).
- 사이펀을 완전히 식힌 뒤에 냉장고에 넣어둔다. 이제 사이펀에서 내용물을 뽑아내기만 하면 진짜 초콜릿으로 만든 초콜릿 무스가 나온다.

맘껏 먹어도 되는 저칼로리 초콜릿 무스

● 사이펀을 이용하면 초콜릿 무스를 아주 쉽게 만들 수 있다. 그것도 정말 가벼운 질감의 초콜릿 무스를 말이다. 게다가 들어가는 재료도 초콜릿과 아무 맛이 나지 않는 물이 전부다. 달리 말해 먹었을 때 오로지 초콜릿 맛만 난다. 여기서 주목할 사실은 이처럼 분자요리의 방식을 쓰면 원재료에 최대한 가까운 요리를 만들 수 있다는 점이다. 실제로 사이펀을 이용한 초콜릿 무스 레시피는 분자요리를 비방하는 사람들의 코를 납작하게 해줄 만한 장점을 많이 가지고 있다. 그 '분자적인' 특성을 마음껏 자랑해도 좋을 만큼!

그렇다면 초콜릿 무스의 '고전적이고 전통적인' 레시피의 사정은 어떨까? 일반적으로 초콜릿 무스를 만

초콜릿 무스를 만들 때 왜 굳이 달걀 노른자를 하얗게 만드는 것일까? 🧪

들 때는 우선 달걀노른자에 설탕을 넣고 하얗게 될 때까지 거품을 내는 것으로 시작한다. 이 대목에서 한 가지 의문점이 생긴다. 왜 굳이 달걀노른자를 하얗게 만드는 것일까? 커스터드 소스나 페이스트리 크림 등에는 달걀노른자를 하얗게 만들어 쓰는 게 좋다고 누가 증명한 적이라도 있는 걸까?

초콜릿은 중탕으로 녹이는데, 이때 버터를 첨가하는 경우가 많다. 그런 다음 두 재료, 즉 거품 낸 달걀노른자와 중탕한 초콜릿을 섞어준다. 그리고 이 수천 칼로리짜리(약간 과장해서) 혼합물에 거품 낸 달걀흰자를 조심스럽게 넣어야 하는데, 바로 이 단계에서 초콜릿 무스의 성공 여부가 판가름 난다. 달걀흰자를 넣고 균일하게 섞는 것이 관건이라는 얘기다. '너무' 섞어서 거품이 꺼지면 안 되기 때문이다. 따라서 전통적인(그리고 엄청난 칼로리를 지닌) 초콜릿 무스에서는 거품 낸 달걀흰자가 가벼운 질감을 내는 역할을 맡는다.

그럼 여기서 기본적인 문제로 돌아가보자. 사람들은, 특히 요리사들은 초콜릿 무스를 만들거나 먹을 때 무엇을 바랄까? 요리사라면 손님에게 특별한 초콜릿을, 예를 들어 베네수엘라산 카카오가 85% 함유된 품질 좋은 초콜릿을 부드럽고 가벼운 거품의 형태로 맛보게 해주고

싶을 것이다. 요즘에는 초콜릿에 대해서도 와인처럼 원산지를 따지니까 말이다.

그렇다면 그 특별한 초콜릿의 맛이 달걀노른자와 흰자, 설탕, 버터 같은 일련의 다른 재료들에 희석되면 아깝지 않은가? 더구나 그 재료들은 무스의 형태와 질감을 내는 데 꼭 필요한 것은 아니지 않은가? 그 재료들만 없으면 필요 이상의 칼로리를 피할 수 있고, 따라서 식사 후에 초콜릿 무스가 진열된 유리창에 눈길을 준 자신을 책망할 일도 없지 않겠는가?

그렇다, 모두 다 맞는 얘기다! 분자요리를 알고 나면, 아니 초콜릿 무스가 무엇인지를 알고 나면, 즉 에멀션을 거품 낸 것임을 알고 나면 다른 재료들은 필요 없어진다. 초콜릿과 물만 있으면 초콜릿 무스를 만들 수 있으니까! 음식의 순수한 맛을 고집하는 사람이라면 미네랄워터와 고급 초콜릿만으로 만든 무스를 크게 반길 것이다. 초콜릿 본연의 맛에 질감은 더 부드러우면서 칼로리는 20배나 줄어든 초콜릿 무스를 맛볼 수 있다는 얘기다.

초콜릿 무스의 질감은 다른 지방성 재료와 액체 재료를 가지고도 만들 수 있다. 그 질감의 비밀은 지방질과 액체(물을 함유한), 공기를 혼합하는 데 있기 때문이다. 예를 들어 화학자의 시각에서는 물과 유사한 물질에 해당하는 화이트와인과 푸아그라나 치즈만 있으면 화이트와인 푸아그라 무스나 화이트와인 치즈 무스를 만들 수 있다. 초콜릿 무스를 만들 때와 동일한 방법으로, 다시 말해 푸아그라나 치즈 같은 지방질을 와인에 녹인 다음 사이펀에 넣고 가스를 주입해 식혀주는 방법으로 말이다. 이 새로운 무스 요리들은 애피타이저로 먹어도 좋고, 디저트로 먹기에도 손색이 없다. 사이펀이 만능 요리사인 셈이다!

젤라틴 없이도
탱탱한 바바루아가 가능하다?

● 　　　　　　　　속이 찬 동그라미와 속이 빈 동그라미가 서로 얽힌 선 사이에 갇혀 있는 그림을 그려보자. 이 그림은 에멀션을 거품 내서 젤 상태로 만든 것으로, 바바루아가 그 예에 해당한다. 바바루아에는 샹티이 크림, 뻑뻑한 커스터드 소스(젤라틴을 넣어 뻑뻑하게 만들었다는 뜻), 과일 퓌레가 동시에 들어간다. 재료들을 혼합한 다음 틀에 부어 식혀주면 요리가 끝나는데, 완성된 바바루아는 가벼우면서도 부드럽고 탄력적인(때로는 지나치게 탄력적인) 질감을 갖는다.

초콜릿 무스의 경우와 마찬가지로 바바루아의 질감 역시 다른 재료를 이용해 만들 수 있다. 기포와 작은 기름방울을 혼합해서 젤에 분산시키면 비슷한 질감이 나오는 것이다. 이때 기포와 젤화제의 비율에 변화를 주면 바바루아보다 더 가벼운 질감을 만드는 것도 가능하다. 가령 젤라틴보다 더 강력한 젤화제를 쓰면 거품이 꺼지지 않게 하면서도 더 많은 양의 기포를 가둘 수 있다. 젤라틴은 너무 부드러워서 기포를 잡아두는 힘이 약하기 때문이다. 강력한 젤화제를 쓰면 앞에서 말한 초콜릿 무스나 화이트와인 치즈 무스, 푸아그라 무스도 젤 상태로 바꿀 수 있다. 이 경우 기본 재료는 바뀐 것이 없어도 질감은 전혀 다른 성질을 띠게 되며, 따라서 입에서 느끼는 맛도 확연히 달라진다.

토마토즙을
원심분리기에 넣고 돌리면

● 앞에서 소개한 여러 조리법은 모두 수분과 지방분, 기체를 어느 정도 복잡하게 섞어 안정화시키는 것과 관계가 있다. 이러한 조리법에는 어려움이 따르기 마련이다. 크리밍이나 침강 현상에 의해 기체와 수분, 지방분이 분리되면서 재료가 꺼질 수 있기 때문이다(크리밍과 침강에 대해서는 166쪽 참조).

하지만 그처럼 성분이 분리되는 현상을 역으로 이용하면 또 새로운 요리를 개발할 수 있다. 그렇다면 재료의 성분을 분리하고 해체하려면 어떻게 해야 할까? 원심분리 기술을 쓰면 어떤 재료를 이루고 있는 다양한 성분들을 그 밀도에 따라 분리할 수 있다. 분석화학 실험실에서 습관처럼 하는 작업이 바로 그런 것이다.

여기서 혁신은 원심분리라는 잘 알려진 기술 자체에 있는 게 아니라, 이전까지는 그 기술이 활용된 적이 없는 요리라는 분야로 그것을 끌어왔다는 데 있다. 토마토즙을 분당 4,000회 회전하는 원심분리기에 넣고 돌리는 건 너무 엉뚱한 생각일까? 하지만 토마토즙을 과육과 섬유질, 수분으로 분리하기에 그보다 더 좋은 방법은 없다. 원심분리 기술을 이용하면 토마토즙을 가지고 토마토의 세 가지 질감과 세 가지 맛, 세 가지 색을 얻을 수 있다. 무색 토마토즙을 재료로 쓰면 '블러디'하지 않은 새로운 블러디 메리^{Bloody Mary}(보드카에 토마토주스를 넣어 만든 칵테일. '피의 메리'라는 뜻의 이름은 16세기 중반 무자비한 신교도 박해로 유명한 잉글랜드의 여왕 메리 1세에서 유래했다.*)가 탄생하는 것이다(컬러화보의 사진22, 사진23 참조)!

이 실험적인 레시피는 구조와 구조의 파괴라는 개념을 바탕으로 한 것으로, 여기서 특히 주목할 점은 원심분리기 같은 도구를 이용하면 즙이나 수프를 15분 만에 맑게 만들면서도 요리로서의 그 감각적 속성은 그대로 유지시킬 수 있다는 사실이다. 수프에서 거품을 떠내거나,

달걀흰자를 체에 거르거나, 그 밖의 수고스럽지만 별 효과 없이 시간만 뺏기는 방법들은 쓰지 않아도 된다. 그저 물리학(원심력)을 이용해 최대한 자연스럽게 맑은 요리를 만드는 것이다.

예를 들어 타르트 도우를 조각내서 미네랄워터에 담가두었다가 원심분리기에 넣고 돌리면 '타르트 도우 수용액'이 나오는데, 이 새로운 재료를 이용하면 액체 상태의 타르트를 만들 수 있다(컬러화보의 사진24 참조). 실제로 티에리 막스는 액상 타르트 타탱^{tarte tatin}(반죽에 사과를 올리는 게 아니라 사과와 설탕, 버터를 먼저 깔고 그 위에 반죽을 덮어 굽는 프랑스식 사과 파이. 다 구워지면 접시에 뒤집어 낸다.*)과 액상 데커레이션케이크(스펀지케이크에 여러 가지 장식을 더해 만드는 케이크*), 그리고 그 밖의 여러 종류의 액상형 페이스트리를 만들어냈다. 이 요리들은 신기하기만 한 게 아니라 맛도 좋다! 게다가 이 새로운 기술은 무알코올 칵테일에 대한 요구에 실질적인 해결책을 제공한다는 점에서도 주목할 만하다.

부엌으로 간 화학자

흥분과 호기심으로 가득한
분자요리의 세계

"요컨대, 앙상한 겨울나무는 일종의 추상적인 조각품처럼 보인다.
특히 내 마음을 사로잡는 것은 나뭇가지들의 움직임,
나뭇가지들이 공간 속에 남기는 흔적이다."
— 피에르 술라주 Pierre Soulages

예술과 과학, 그리고 요리가 만나다

●   요리는 예술과 과학, 감성과 이성
가운데 어느 쪽에 가까울까? 과학 분야에서 연구자는 자신이 발견한
것을 내놓고 그 뒤로 사라진다. 그러면 그 발견은 세상에 알려지는 가
운데 수정되거나 재검토되며, 때로는 새로운 지식에 밀려 폐기되는 운
명에 처하기도 한다. 지금 우리가 하는 연구도 몇 년 혹은 몇 세기가
지나면 결국 한 줄의 문장으로 요약되거나 구식 취급을 받을 것이다.
모든 과학 논문은 그 분야의 지식 상황을 정리하면서 이전의 연구들을
언급하지만, 곧 그 연구들을 재검토하고 새로운 가설을 내놓으면서 더

발전된 의견을 제시한다. 물론 뉴턴이 사과가 떨어지는 것을 보고 만유인력의 법칙을 깨달았을 때처럼 깜짝 놀랄 만한 발견이 이루어지는 경우는 드물다.

과학은 아주 조금씩 발전한다. 하루하루 시간이 가고 논문이 한 편한 편 나오면서 지식의 체계가 만들어지기 때문이다. 진화의 역학에서처럼 아무 변화가 없는 것 같은 느낌이 들 정도로 미미하게 변화해가는 것이다. 어떤 물질계의 열역학적인 변화 역시 마찬가지로, A상태에서 B상태로 옮겨가는 과정의 매 순간 매 지점에서 균형 상태가 유지되는 이상 그 변화를 감지하기 힘든 경우가 많다. 거울 속에 비친 우리 모습도 어제나 오늘이나 별로 달라진 것 없이 거의 똑같아 보이지 않는가? 변화가 전혀 없을 수는 없는데 말이다. 과학적 연구는 바로 이러한 흐름을 따른다. 한 번씩 대단한 발견이 나오기도 하지만, 지식의 축적과 변화와 발전은 날마다 조금씩 서서히 이루어진다.

한편, 예술 분야에서 한 작품은 계속해서 변함없는 모습으로 남는다. 예술품은 과학적 발견처럼 수정되거나 개선되거나 보완되는 것이 아니기 때문이다. 그리고 과학적 발견은 인과관계와 법칙, 이론적이거나 실제적인 적용을 통해 존재하지만, 예술품은 감상자인 대중을 만

부엌의 화학자

나야만 존재할 수 있다. 역설적인 사실은 예술품은 그것을 만드는 데 동원된 기술과 계산 따위를 예측할 수 없도록 할 때에야 비로소 대중에게 감동을 준다는 점이다. 대중이 작품에 사용된 기술, 즉 페인팅 나이프를 썼는지, 붓을 썼는지, 합성을 했는지, 시각적 간섭 현상을 이용했는지 등에 관심을 갖는 것은 그 다음 문제며, 그것도 문제의 작품을 마음에 들어하는 사람들만 그런 관심을 갖는다. 요리의 경우도 매한가지다. 요리는 보기에도 좋을 뿐만 아니라 맛도 좋아야 하고, 이로써 사람들에게 감동을 주어야 한다. 거기

> 요리는 보기에 좋으면서 맛도 좋아야 하고, 이로써 사람들에게 감동을 주어야 한다. ⚗

에 계면활성제가 들어갔는지, 조리 온도가 56℃인지 58℃인지 등은 문제가 안 되어야 한다.

물론 그렇더라도 미술가나 요리사는 작품이나 요리에 필요한 기술을 잘 알고 있어야 한다. 그래야만 작업과 작업의 산물이 우연성에 좌우되지 않기 때문이다. 어쨌든 나는 과학적 교양과 지식도 예술이나 요리와 같은 방식을 따라야 효과적으로 보급될 수 있다고 생각한다. 일단 감동을 주면 사람들이 관심을 갖고 질문을 던지는 시간은 자연스

럽게 오게 되어 있다.

예술과 과학의 만남은 별개의 성질을 띠는 두 세계가 함께하는 것이므로 거기에 따르는 어려움과 한계에 부딪히기 마련이다. 하지만 그럼에도 예술과 과학은 함께하는 것이 바람직하다. 예술과 과학, 예술가와 과학자, 직관과 지식, 감성과 이성, 그리고 그 밖에 흔히 반대되는 것으로 나열되는 개념들을 이원론적인 대립 관계에 있는 것으로 보는 시각에서 벗어나야 하는 것이다. 예술과 과학 사이의 협력은 무엇보다도 만남에서부터 시작된다. 예술가와 과학자의 만남, 남들보다 더 멀리, 더 높이, 혹은 다른 곳으로 가고 싶어하는 예술가와 과학자의 만남을 두고 하는 얘기다.

예술가와 과학자는 어느 한쪽이어야만 할까, 아니면 예술가이면서 동시에 과학자일 수 있을까? 🧪

사실 과학자 중에는 글을 쓰고 그림을 그리고 조각이나 작곡을 하는 등의 예술 활동을 하는 사람이 많으며, 또 예술가 중에는 작품에 고도의 기술과 매우 정확하고 체계적인 연구를 동원하는 사람이 많다. 그렇다면 이들은 예술가와 과학자 중 어느 한쪽일까, 아니면 예술가이면서 동시에 과학자일까? 어느 한쪽도 아니고, 둘 다도 아니다. 예술

부엌의 화학자

과 과학은 완전히 겹쳐 있지도 완전히 분리되어 있지도 않은 관계, 즉 일부분을 공유하는 관계에 있기 때문이다.

예술과 과학은 서로 문이 열려 있으며, 두 분야를 구분하는 경계는 생각보다 훨씬 더 모호하다. 따라서 우리는 그 경계면을 헤엄치는 놀라운 경험을 할 수 있다. 가령 영화의 탄생은 예술과 과학의 그 같은 관계를 잘 보여주는 예에 해당한다. 동물생리학자들이 동물이 어떻게 이동하는지 알아내려는 시도가 영화의 출발점이 되었기 때문이다. 동물생리학자들은 그 같은 과학적 문제에 답을 얻기 위해 영국의 사진작가 에드워드 머이브리지^{Eadweard Muybridge}와 함께 작업했다. 머이브리지는 과학과 기술에 관심이 많은 사진작가로서, 사진을 아주 짧은 일정 시간 간격으로 찍을 수 있는 사진기를 개발한 인물이다. 사진기로 움직임을 기록하는 크로노포토그래피^{chronophotography}라는 촬영법은 바로 그렇게 탄생했고, 덕분에 사람들은 〈움직이는 말^{The Horse in Motion}〉(1878) 같은 작품을 통해 말을 비롯한 동물들이 어떤 식으로 움직이고 이동하는지를 알 수 있게 되었다. 이후 이 작업은 한 걸음 더 발전해 예술과 과학의 경계에 놓인 일련의 사진들을 내놓았으며, 이 사진들은 전 세계 미술관에 전시되면서 사람들의 관심을 불러모았다. 그리고 몇 년

뒤에는 단위 시간당 촬영 횟수가 크게 증가하면서 영상 촬영기가 개발되기에 이르렀는데, 뤼미에르 형제Auguste and Louis Lumière는 그 같은 작업을 자기들 식으로 바꾸고 개선하면서 영화를 만들어냈다. 요컨대 영화의 탄생은 과학자와 예술가 사이의 협력이 있었기에 가능한 일이었다.

나는 화학자이지만 주방에 들어왔고, 그 덕분에 과학과 일부 예술적 활동 사이의 경계면에 자리할 수 있게 되었다. 2012년 4~6월에는 티에리 막스, 사진작가 마틸드 드 레코테Mathilde de l'Écotais와 함께 특별한 작업을 하는 기회도 가졌다. 파리에 위치한 과학박물관 '발견의 전당'에서 화학자와 요리사, 그리고 사진작가라는 세 분야의 사람이 어떤 식으로 함께 요리에 접근하는지를 보여준 것이다. 이 전시회에서 우리는 음식물과 요리를 새로운 방식으로 조명했으며, 우리가 요리를 연구하고 개발한 과정과 연구실에서 이루어진 숨겨진 작업도 소개했다.

부엌의 화학자

처음 한 입과 마지막 한 입의
맛이 다른 요리

•   화학자인 나와 요리사인 티에리 막스의 만남이 빚어내는 시너지 덕분에 우리는 더 멀리까지 갈 수 있게 되었다. 혼자서는 자연스럽게 도달할 수 없는 세계로 말이다. 이 공동 작업에서 연결 고리가 되는 것은 물질의 역학과 변화라는 개념인데, 요즘 우리의 관심사인 '손님 앞에서 변화하는 요리'도 바로 그 개념에 근거한다. 즉 처음 한 입과 마지막 한 입이 맛에서도 질감에서도 서로 차이가 나는 요리를 연구하는 것이다. 이러한 요리를 만들려면 물리화학적 반응에 대한 지식이 필요한 것은 물론이고, 반응이 나타나는 시간, 반응이 정지되는 시간, 손님이 시식하는 시간, 요리가 안정성을 띠는 시간이라는 요소에도 신경을 써야 한다.

'레드 포레스트 케이크'로 변신한 블랙 포레스트 케이크를 예로 들어보자. 티에리 막스는 블랙 포레스트 케이크를 질감도 칼로리도 더 가벼운 디저트로 재해석해보고 싶어했는데, 그래서 우리가 개발한 것이 진공 상태에서 팽창시킨 초콜릿 케이크였다. 재료는 100% 초콜릿만 쓰고, 기포의 크기를 키워서 아주 가벼운 질감의 스펀지케이크를 만든 것이다. 이 새로운 조리법은 좀 더 발전시켜 다른 많은 요리에 적용할 수 있다는 점에서도 장점이 있다.

한편, 색이 붉게 변하는 소스는 사람들을 깜짝 놀라게 만드는 효과를 연출하기 위해 고안된 것이었다. 나는 티에리 막스에게 베리류 과일은 산에 아주 민감한 안토시안 색소를 가지고 있어서 산으로 색에 변화를 줄 수 있음을 일러주었고, 붉은 양배추를 가지고 안토시안 색소가 산성 환경인지 염기성 환경인지에 따라 붉은색에서부터 검푸른 색까지 변하는 실험을 해보였다. 그리고 pH 측정기를 이용해 산-염기 반응을 실험하면서 산과 염기가 만나면, 예를 들어 식초와 탄산수소염을 섞으면 중화 반응과 가스가 발생하는 반응이 일어난다는 것도 보여주었다.

그렇게 해서 우리는 손님이 보는 앞에서 거품으로 변하면서 색도 변하는 디저트에 대한 아이디어를 얻었다. 처음에 손님 테이블에 나올 때는 검푸른 블루베리 소스에 올려져 있지만, 웨이터가 그 위에 레몬즙을 부으면 구름처럼 뭉게뭉게 피어오르는 붉은색 거품에 둘러싸이게 되는 케이크를 상상한 것이다(컬러화보의 사진27 참조). 물론 이 디저트를 실제로 만들어내기까지는 실험실과 주방을 수없이 오가는 작업이 필요했다. 문제의 반응에 필요한 탄산수소염과 레몬즙의 양을 정확히 찾아내고, 원하는 질감의 소스를 만들고, 거품을 유지시키는 방법도 알아내야 했기 때문이다.

나는 이 작업에 내가 가르치는 학생들을 참여시켰다. 학생들은 재료의 산도를 결정하기 위한 실험을 했고, 요리사들과 함께 스펀지케이크의 질감이 진공 정도에 따라 어떻게 달라지는지 확인하는 테스트도 진행했다. 이러한 공동 작업은 아주 유익한 시간이었다. 학생들 스스로 강의실에서 무조건 머리에 집어넣

> 요리는 강의실에서 무조건 머리에 집어넣은 화학적 지식이 쓸모 있는 것임을 깨닫게 해준다. 🧪

은 화학적 지식이 쓸모 있을 뿐만 아니라 다른 많은 직업에 활용될 수 있음을 깨닫게 되는 기회였기 때문이다. 그리고 그 작업에 참여한 직업 요리사와 요리 학교 학생들은 또 그들대로 요리 실력을 키우고 발전시키려면 과학적 지식을 찾아보는 게 중요하다는 사실을 깨달았다.

티에리 막스는 그러한 지식 덕분에 블랙 포레스트 케이크를 새로운 고급 디저트로 변신시킬 수 있었던 것이다. 요즘에는 티에리 막스와

함께 일하는 요리사들도 과일 퓌레의 산도를 조절하거나 채소를 익히는 정도를 조절할 때, 혹은 젤리 요리에 넣는 한천의 양을 정할 때 pH 측정기를 이용하고 있다. 새로운 블랙 포레스트 케이크에 대한 연구는 이제 진공 상태에서 기포를 만드는 방법과 이 방법을 적용한 다른 요리들에 관한 연구로 확대되어 진행 중이다.

나는 티에리 막스와의 작업 덕분에 내 학생들에게 새로운 연구도 제안할 수 있었다. pH 측정과 분광분석(물질의 흡수 스펙트럼과 색의 연구)을 통한 산-염기 적정acid-base titration(산과 염기의 중화반응을 이용해 산 또는 염기의 농도를 알아내는 것*)에 관한 연구가 그것이다.

포도에 대한 연구는 또 새로운 연구를 불러왔다. 안토시안이 포도 껍질에 많은지 과육에 많은지를 알아보던 중에 포도 과육을 포장재처럼 쓸 수 있을지에 대한 궁금증이 제기되었기 때문이다. 우리는 알긴산염으로 막을 만드는 캡슐화 기술을 바로 떠올렸고, 그래서 얇으면서도 튼튼한 막에 대한 연구를 시작했다. 자연의 모든 식물들이 하듯이 아주 얇은데도 아주 튼튼한 식물성 막에 많은 물을 담아내려면 어떻게 해야 할까? 작은 알긴산염 구슬을 넘어서는 캡슐화에 관한 연구 역시 현재 진행 과정에 있다(컬러화보의 사진15 참조).

부엌의 화학자

요리 연구에는 결승선이 없다

●　　　　　　　　　　우리와 함께 작업한 사진작가 마틸
드 드 레코테는 요리가 시간에 따라 변화하는 모습을 사진으로 담기
위한 새로운 기술을 개발했다. 또한 천연 색소에도 관심이 많아서 천
연 색소를 추출하는 방법과 음식물의 색소를 도료와 사진에 이용하는
방법도 연구했다(최초의 종이는 요오드를 만나면 파란색으로 변하는 녹말 성분
을 지니고 있었다). 이러한 연구를 시작으로 우리는 사진과 영화, 그리고
블루프린트(감광액을 바른 부분이 빛에 노출되면 청색으로 변하는 것을 이용한
인화법. '사이아노타이프^{cyanotype}'라고도 한다.*)의 역사 자체에 관심을 갖게
되었다. 여기서 마틸드가 특히 주목한 것은 최초의 사진이 페리시안화
합물^{ferricyanide}이라는 철 성분의 색소가 빛에 노출될 때 일어나는 반응
에서 시작되었다는 사실이다. 옅은 갈색을 띠는 색소가 자외선의 작용
에 의해 선명한 파란색으로 변하는 반응 말이다. 그래서 마틸드는 최
초의 사진 인화 기술, 즉 반투명한 투사지를 이용해 대상을 음화(명암
이 실제와는 반대로 되어 있는 화상*)로 찍어내는 블루프린트 방식을 재해
석해 음식물을 짙은 푸른색의 세계로 표현했다. 음식 사진을 블루프린

트 방식으로 인화함으로써 과일과 채소를 이루는 성분들인 섬유질, 수분, 세포 등이 빛을 투과하는 정도에 따라 다소간 추상적인 선, 흔적, 그림자로 나타나게 만든 것이다. '사진술'을 뜻하는 'photography'라는 단어가 '빛으로 그리다^{photos+graphein}'라는 어원을 가지고 있다는 점에서 그 의미에 꼭 맞는 활동을 한 셈이다.

우리 연구 과정은 프랙털(작은 구조가 전체 구조와 비슷한 형태로 끝없이 되풀이되는 구조*)의 성격을 띤다. 하나의 질문을 던지면 10여 개의 문이 열리고, 이 문들 가운데 어느 하나로 들어가면 또 여러 갈래의 길이 나타나기 때문이다. 그 중에는 중간에 끊어진 길도 있고, 막다른 길이나 일시적으로 내버려두어야 할 길도 있으며, 문제에 대한 답을 제시해주는 길도 있다(216쪽 블랙 포레스트 케이크 재해석 작업의 마인드 매핑 참조).

하지만 문제가 일단 해결되었다 해도 그것으로 만족할 수는 없다. 금세 또 새로운 문제들이 나타나는 탓이다. 실제로 과학적 실험 과정은 최종 목적지로 곧장 뛰어가는 것이 아니라 여러 길을 돌아다니고 탐색하는 것으로 이루어진다. 게다가 결승선 같은 것은 존재하지 않는다. 계속해서 달아나는 《이상한 나라의 앨리스》의 토끼처럼, 결승선이 다음 지평선을 향해 끊임없이 밀리고 이동하기 때문이다.

부엌의 화학자

연구의 세계에서는 예기치 못한 사건이 일상적으로 일어나는 까닭에 타성에 젖을 수 없고, 편안하게 쉬어가는 자리도 있을 수 없다. 연구자는 이런저런 발견과 결과물이 이어지는 가운데 언제나 흥분과 호기심 상태에 있다. 연구가 진행되는 상황에 따라 감정 상태도 함께 변화하는! 하지만 다행스럽게도 불확실함에 따른 고뇌에 빠질 때보다는 긍정적인 힘을 얻을 때가 훨씬 많으며, 그래서 더 높은 곳으로 오르고자 하는 의지도 생겨난다. 산 정상에서 맛보는 바로 그 성취감이 모든 연구자에게, 그리고 더 넓게는 자기 일에 열정을 쏟는 모든 이들에게 활기를 불어넣는다.

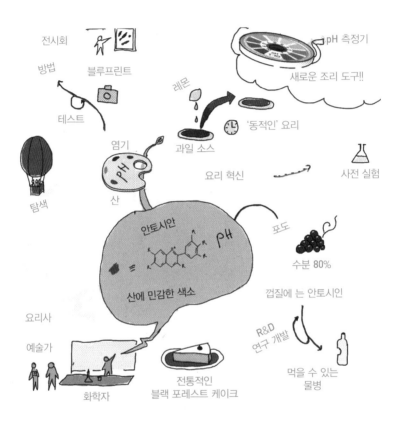

전시회

방법

블루프린트

레몬

pH 측정기

새로운 조리 도구!!

테스트

염기

과일 소스

'동적인' 요리

요리 혁신

사전 실험

탐색

산

안토시안

포도

수분 80%

껍질에 는 안토시인

산에 민감한 색소

요리사

R&D
연구 개발

먹을 수 있는
물병

예술가

화학자

전통적인
블랙 포레스트 케이크

블랙 포레스트 케이크 재해석 작업의 마인드 매핑
© C. Fritz

부엌의 화학자

부엌의 화학자

부엌의 화학자

초판 1쇄 발행 │ 2016년 1월 27일
초판 10쇄 발행 │ 2023년 7월 28일

지은이 │ 라파엘 오몽
옮긴이 │ 김성희

발행인 │ 김기중
주간 │ 신선영
편집 │ 백수연, 민성원
마케팅 │ 김신정, 김보미
경영지원 │ 홍운선

펴낸곳 │ 도서출판 더숲
주소 │ 서울시 마포구 동교로 43-1 (03470)
전화 │ 02-3141-8301
팩스 │ 02-3141-8303
이메일 │ info@theforestbook.co.kr
페이스북·인스타그램 │ @theforestbook
출판신고 │ 2009년 3월 30일 제2009-000062호

ISBN │ 979-11-86900-02-4 (03430)

· 이 책은 도서출판 더숲이 저작권자와의 계약에 따라 발행한 것이므로
  본사의 서면 허락 없이는 어떠한 형태나 수단으로도 이 책의 내용을 이용하지 못합니다.
· 잘못된 책은 구입하신 곳에서 바꾸어 드립니다.
· 책값은 뒤표지에 있습니다.
· 독자 여러분의 원고 투고를 기다리고 있습니다. 출판하고 싶은 원고가 있는 분은
  info@theforestbook.co.kr로 기획 의도와 간단한 개요를 적어 연락처와 함께 보내 주시기 바랍니다.